国家中等职业教育改革发展示范学校建设项目成果系列教材

# SMT贴片技术

何培森　夏　威　主编
沈启生　张凤香　刘光明　副主编
吴新欢　主审

科学出版社
北　京

## 内 容 简 介

本书共 6 章，对 SMT 设备安全规范、附着工程、印刷工艺技术、贴片工艺技术、再流焊工艺技术、AOI 工艺技术等设备的结构、工作原理和工艺技术要求都进行了系统的介绍。书中的技术参数、电路原理、生产工艺和检测维修技术都直接来源于 SMT 设备使用厂家，知识内容与工艺技术内容独树一帜，具有实用性和可操作性。

本书可作为中高职院校和技工院校相关专业的教材使用。

**图书在版编目（CIP）数据**

SMT 贴片技术/何培森，夏威主编. —北京：科学出版社，2015

（国家中等职业教育改革发展示范学校建设项目成果系列教材）

ISBN 978-7-03-043982-6

Ⅰ.①S… Ⅱ.①何… ②夏… Ⅲ.①SMT 技术－中等专业学校－教材 Ⅳ.①TN305

中国版本图书馆 CIP 数据核字（2015）第 062588 号

责任编辑：吕建忠 王君博 陈砺川 王丽丽 / 责任校对：陶丽荣
责任印制：吕春珉 / 封面设计：一克米

科学出版社 出版
北京东黄城根北街 16 号
邮政编码：100717
http://www.sciencep.com
北京中科印刷有限公司印刷
科学出版社发行 各地新华书店经销
*
2015 年 3 月第 一 版 开本：787×1092 1/16
2020 年 8 月第五次印刷 印张：11 3/4
字数：262 000

**定价：32.00 元**

（如有印装质量问题，我社负责调换〈中科〉）
销售部电话 010-62142126 编辑部电话 010-62147541

国家中等职业教育改革发展示范学校
建设项目成果系列教材

## 编　委　会

# 前　言

SMT 技术是当今电子产品制造业中最具生命力的技术，发达国家的电子产品制造业，超过 90%采用了 SMT 技术，已经成为现代电子产品制造业的核心技术。

目前，我国电子产品出口位列世界第一。SMT 技术在中国已迅速发展成为主流的制造技术。随着 SMT 企业的不断增加，SMT 技术人员供不应求，已经开设 SMT 专业的高职院校毕业生已远不能满足市场需要，一些中职学校陆续开设 SMT 专业；另一方面，目前市场上的 SMT 教材大多是针对高等院校或高职院校的学生编写的，适合中职院校、技工院校学生使用的 SMT 教材几乎没有。为了配合中高职院校、技工院校开设 SMT 专业，满足人才培养的需要，我们组织专业老师编写了本书。参与编写本书的作者都是具有丰富企业工作经验的、从事 SMT 专业教学的教师，对 SMT 技术及行业发展十分了解。

本书力求完整地讲述 SMT 技术的基础知识和设备维护知识，通俗易懂，指导操作性强。阅读本书，读者能够比较容易掌握 SMT 各工位的工艺流程、设备操作、设备维护等知识与技能。

本书共 6 章，其中第 1 章、5 章、附录 4 由夏威老师编写，第 2 章、3 章、附录 2 由何培森老师编写，第 4 章、附录 1 由沈启生老师编写，第 6 章由刘光明老师编写，附录 3 由张凤香老师编写。在本书的出版过程中，惠州市技师学院（惠州市高级技工学校）的领导和老师给予了大力支持，在此对他们的关心与帮助表示由衷的感谢。另外，华阳通用公司的戴正权等工程师对本书的编写也提供了大量的资料，并提出了宝贵的修改意见，在此特予感谢。

由于 SMT 技术发展迅速，工艺水平不断改进，加上编者水平、经验有限，错误与不当之处在所难免，恳求各位读者批评指正。

编　者

2015 年 1 月

# 目　　录

第 1 章　SMT 设备安全规范……1

1.1　防静电要求安全规范……2
1.2　SMT 设备使用安全规范……5
1.3　SMT 设备维护安全规范……8
1.4　SMT 设备安全标记……9
练习题……11

第 2 章　附着工程……13

2.1　附着工程概述……13
2.2　附着工程工艺及常见故障……15
练习题……18

第 3 章　印刷工艺技术……19

3.1　焊料……19
3.2　防静电要求安全规范……26
3.3　焊锡膏的印刷工艺……28
3.4　全自动印刷机……34
练习题……37

第 4 章　贴片工艺技术……39

4.1　贴装设备……39
4.2　贴片机结构……40
4.3　贴片机工作原理……53
4.4　常见贴片缺陷……56
4.5　贴片工艺要求……58
4.6　贴片机 SAMSUNG-SM321 操作指引……61
4.7　贴片机设备的维护……62
练习题……66

第 5 章　再流焊工艺技术……67

5.1　电子产品焊接技术概述……67
5.2　再流焊机的组成系统……72

5.3 再流焊机的加热系统 …… 77
5.4 再流焊机的传动系统 …… 82
5.5 再流焊工艺 …… 87
5.6 再流焊机常见故障及维护 …… 96
5.7 再流焊常见缺陷与原因分析 …… 99
5.8 再流焊技术的新发展 …… 108
练习题 …… 113

第 6 章 AOI 工艺技术 …… 114

6.1 AOI 工艺概述 …… 114
6.2 AOI 基本结构 …… 116
6.3 AOI 的原理 …… 119
6.4 AOI 常用检测算法及其应用 …… 122
6.5 AOI 设备的维护与保养 …… 126
6.6 AOI 的发展趋势 …… 128
练习题 …… 130

附录 1 YAMAHA 贴片机操作说明 …… 131

附录 2 全自动印刷机英汉对照 …… 135

附录 3 雅马哈/富士表面贴装机英汉对照 …… 137

附录 4 再流焊机英汉对照 …… 172

参考文献 …… 177

# 第1章 SMT设备安全规范

随着人类科技文明的快速发展，如今人类的生活已经离不开各种机械设备。成千上万的设备每天都在不停地运转，设备的安全问题已成为生产中的重要问题。消除设备和环境的不安全状态，是确保生产系统安全的物质基础。

设备不安全状态，主要表现为四个方面。

### 1. 物理形态方面

设备在静止状态下所显现的危险性和有害性，以物理作用方式为主而引发事故。例如，设备或部件外观有尖角、锐边、粗糙面、凸出物等，会割伤、擦伤、卡伤人体；高温设备或部件表面等均属于物理型不安全状态。

### 2. 化学形态方面

设备所显现的危险性和有害性，以化学作用方式为主而引发事故。例如，电镀生产设备蒸发的有害蒸气会引起中毒事故，管道输送易燃液体或气体泄漏会引发爆炸事故。

### 3. 行为形态方面

设备在运动过程或在与其他物体相互作用的过程中，所显现的危险和有害特性。实际生产中的设备都在不停地运转着，其不安全状态大多在运转过程中显现出来，因此，行为形态是机械、设备、仪器仪表、器具等类型设备的一种很普遍的不安全形态。

### 4. 能量形态方面

上述三种的不安全形态，在引发事故时都会以一定的能量形式向受损物体或受害人员释放。因此，物体不安全状态还体现在其可能释放的能量形态。

根据释放的能量类型不同，将能量形态分为机械能型、热能型、电能型、电离辐射能型、化学能型和声能型。按释放能量大小可分为高能、中能和低能；按释放速度分为高能—高速、高能—中速、高能—低速、中能—高速、中能—中速、中能—低速、低能—高速、低能—中速和低能—低速。

组合形式不同，事故所造成的危害程度也不同，破坏最大的是高能—高速型，最小是低能—低速型。

SMT 设备安全规范包括防静电要求安全规范、设备使用安全规范、设备维护安全规范和设备安全标记等内容。

## 1.1 防静电要求安全规范

在使用 SMT 设备进行生产作业时，设备处于高速运转状态，高速运转的设备很容易产生静电，故 SMT 设备在将电子元器件进行贴装、焊接过程中，如果不采取防静电措施，很容易损坏电子元器件，所装贴或焊接出来的电路板就会成为不良品。

我们要了解静电产生的原因，并掌握静电的防范措施，才能正确操作 SMT 设备，生产出高品质的电路板。

### 1. 静电的概念

物体间的静电，是看不见摸不着的，但静电却时刻都存在于我们的周围。一般地，我们把相对静止状态的电荷称之为静电。产生静电的方式通常有两种，一种是感应方式，另一种是接触摩擦方式。

物体之间通过感应方式产生静电的机理是，当带电物体靠近不带电物体（导体）时，会在不带电的导体的两端分别感应出负电荷和正电荷，分别产生正、负电荷的积累，从而会产生静电。

物体之间通过接触摩擦方式产生静电的机理是，物质中的电荷（主要是电子），由于物体之间相互摩擦，电荷会在物体间发生转移，有的物体带正电荷多，有些物体带负电荷多，形成同种电荷的积累，从而产生静电。

积累的电荷，在不同物体之间形成电位差而又处于相对静止状态，这种相对静止状态的电荷称之为静电。

### 2. 静电的产生与危害

固体、液体、气体物质之间相互接触并有相对运动时，都易产生静电，周围环境越干燥，越易产生静电。

（1）人体很容易产生静电

人体是导体，人体与物体之间相互接触，并有相对运动时，是很容易产生静电的。例如，人们梳头时，梳子与头发相互摩擦，头发产生一种电荷的积累，梳子产生另一种电荷的积累，一根根头发之间因带同种电荷而相互排斥，故头发会经常飘起来，越梳越乱；晚上睡觉脱衣服时，黑暗中常会听到“噼啪”的响声，而且还会出现放电的蓝光；

在握手时，有时人会突然感到手指尖有刺痛感。这些都是人体产生静电，对外放电的结果。

（2）电气设备很容易产生静电

高速运转的 SMT 设备，运动部件之间、运动部件与静止部件之间，也很容易产生静电。

（3）静电的危害

冬天穿衣服或脱衣服时，所看到的静电放电现象，放电电压约有 2000V，因放电电流小，人体对此无多大的感觉。然而，这个电压值却足够可以损坏各种半导体器件。所以在操作半导体器件时，都应采取防静电的措施，用 SMT 设备来装贴与焊接电路板时，也应采取防静电措施。

### 3. 防静电的措施

（1）人员防静电的措施

作业人员要佩戴有线防静电手环和防静电手套，穿防静电衣、帽和防静电鞋。防静电手环和防静电鞋每班都应进行测试（并目视检测静电手环手腕带是否完好），并做相应的记录。一旦发现防静电工具失效，应立即更换，并且查找原因，给予对策。图 1-1 为防静电手环、防静电手套、防静电鞋和防静电脚环。

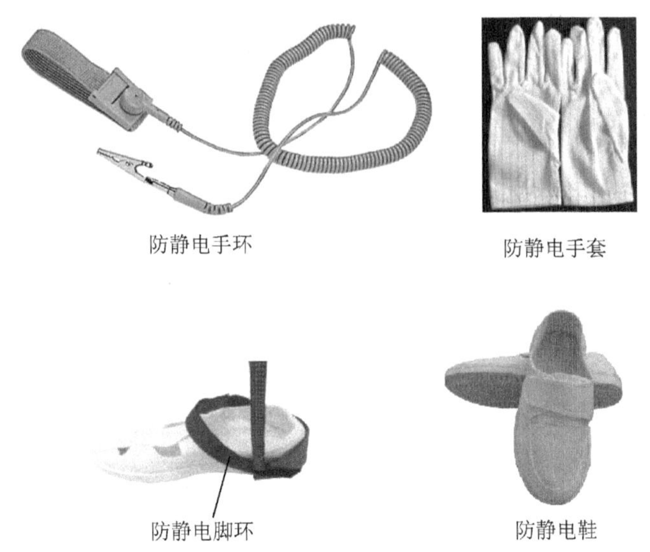


图 1-1　防静电装备

防静电手环的等效电路图如图 1-2 所示。防静电手环由防静电松紧带、活动按钮、弹簧软线及插头或夹头组成。防静电手环内有一个 1MΩ的电阻，电阻的一端通过金属片与人体相接触，电阻的另一端与接地线的孔相连，接地线与大地相连。其防静电的原理是，人体产生的静电通过 1MΩ的电阻对地放掉。

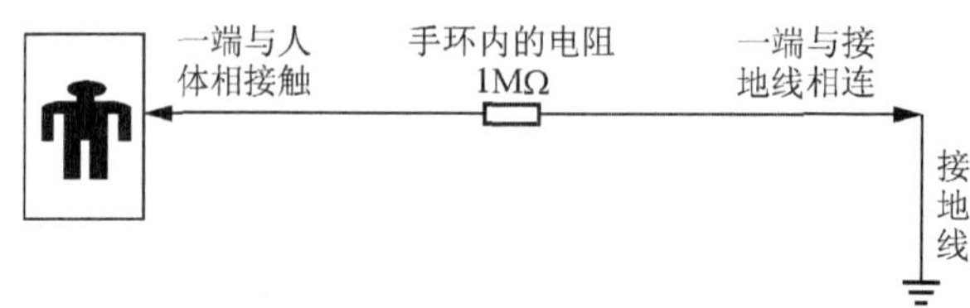


图 1-2　防静电手环的等效电路图

静电手环佩戴时要紧贴手腕，并且要接至静电地线的裸露铜芯处。静电手环接地线电阻每隔两周检测一次，并且记录实测数据。

防静电脚环表面由树脂构成，脚后跟带为导电橡胶，使用时需将脚带上附带的软线贴紧皮肤。防静电鞋采用散电材料 PU 或者 PVC 制作鞋底。所有人员进入车间必须穿防静电鞋。防静电鞋禁止穿出 SMT 车间。它们同防静电服一起构成完整的防静电系统。

（2）仪器设备防静电的措施

1）仪器、工具、料盒使用三芯电源线或通过外接接地线确保接地良好，并定期测试，记录实测数据。

2）机台铺设防静电接地线，定期对防静电接地线进行测试并记录。

3）离子吹风机接地良好，离子覆盖范围要准确，每季度检测其有效性并记录。

4）机台与电源接地线同接于一点到地。每月检查并记录实测数据。

5）锡炉整体独立接地，锡炉内部各部分应接地良好，每日测试并记录。

6）静电手环测试仪或防静电鞋测试仪每日采用专用的标准静电手环（静电鞋）检测并记录。

7）静电手环或静电鞋测试仪电池电压由专业人员每月测试并记录。

（3）工作台防静电的措施

1）工作台均须使用防静电台垫，防静电台垫通过泄漏电阻接地。

2）分析修理站、SMT 检板站、手插线锡炉出口使用离子风机。

3）防静电工作台上不允许有塑料袋、保丽龙等易产生静电的材料存在。

（4）材料防静电的措施

SMT 板必须在防静电工作台上检验、加工和维修；半导体零件用防静电材料包装和盛放；电路板用防静电材料包装；维修备品与维修更换的不良品（半导体元件）要放入防静电盒或防静电袋中；所有碰触基座板的作业标识、治具应使用防静电材料制作。

（5）环境防静电的措施

防静电地线与线体地线分开拉设，静电手环、防静电台垫、料盒和剪脚台的接地线接至静电地线上，仪器、工具和设备的接地线接至线体地线上；防静电台垫要定期清洁、保养，以确保防静电效果（所有的防静电橡胶垫不得用透明胶带粘贴）；易产生静电的材料（塑料袋、保丽龙、压克力板等）不得与静电敏感元件混装在静电防护箱内；防静电料架车铺防静电台垫，台垫通过泄漏电阻接在防静电地线上；各电路板架车和零件车通过触地铁链接地；所有工位的作业指导书上贴防静电标签，以提醒作业员注意静电防护；防静电地面需保持干净，作业员防静电服和防静电帽要每周清洁；定期进行防静电测试并做记录。

## 1.2 SMT 设备使用安全规范

一条基本的 SMT 生产线，主要由全自动印刷机、全自动贴片机和再流炉焊接设备组成，设备的价值通常在数百万元至一千万元之间。昂贵的设备在使用时，都有很高的安全规范要求。我们应该掌握 SMT 生产线设备在使用时的安全注意事项。

### 1. 印刷机使用安全注意事项

焊膏印刷机位于 SMT 生产线的最前端，作用是印刷焊膏或贴片胶，以便进行元件装贴与焊接。印刷机将焊膏或贴片胶正确地印刷到印制电路板的焊盘或相应位置，为元器件的贴装做准备，其使用注意事项主要有以下几点。

1）作业前，操作人员必须将工作服、工作帽和工作鞋穿戴整齐，扣紧衣襟和袖口，衣袋内不装杂物，不戴手表及各种饰物。SMT 设备操作技术人员的着装要求如图 1-3 所示。

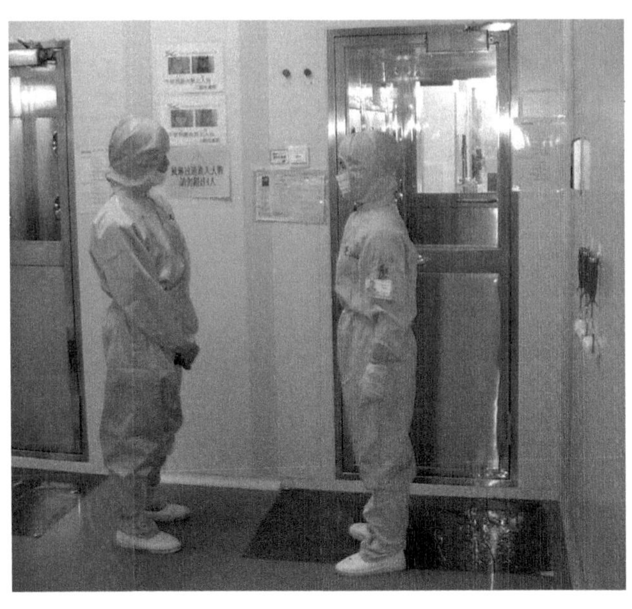

图 1-3　操作 SMT 设备的着装要求

2）非本机组人员未经批准不得擅自启动或操作机器，助手和学徒应在领机的指导下工作。

3）机器启动前，应检查机身各部位是否有杂物，确定机器周围安全方可开机。

4）机器运转中，严禁用手接触运动工作面，不准维修和擦拭机器，不准跨越转动部位，要保持机器防护装置完备。

5）操作人员应时刻注意机器各部位的运转情况，发现问题立即停机处理。

6）工作时，任何人不准在机台周围嬉笑、打闹或大声喧哗。

7）随着无铅锡膏的成功开发，含铅锡膏将逐步在应用领域突出，但仍应注意避免熔融锡膏所散发气体的吸入及锡膏沾染皮肤。若皮肤沾染锡膏，应立即用乙醇擦拭，再用肥皂与水冲洗干净；若锡膏被揉搓到眼睛内部，应立即以清水轻洗患部至少 15min，并送到医务室请医师检查及治疗处理。

8）印刷机所使用钢网清洗剂属于易挥发、易燃液体，使用时应避免接触火源；清洗剂桶必须放于防爆箱内保存。

9）定期保养和维修机器，并填写保养维修记录数据。

### 2. 贴片机设备使用安全注意事项

贴片机又称贴装机，位于 SMT 生产线中印刷机后面，作用是将表面贴装元器件准确安装到印刷线路板的固定位置上。贴片机是 SMT 生产线中技术含量最高、最复杂和最贵的设备。正确使用贴片机，要做到以下几点。

1）SMT 贴片机属于高速运转设备，机器运转时，严禁作业人员将手或头伸入机台内，防止造成人员伤亡事故。

2）正常生产时，若需要伸手或头部进入机台检查时，可将机器的就近紧急保护按钮按下，然后才能进行下一步动作。

3）SMT 作业人员在操作时，必须将头发盘起放入防静电帽中，以防止头发被机器运转部位缠绕，从而产生事故隐患。头发着装要求如图 1-4 所示。

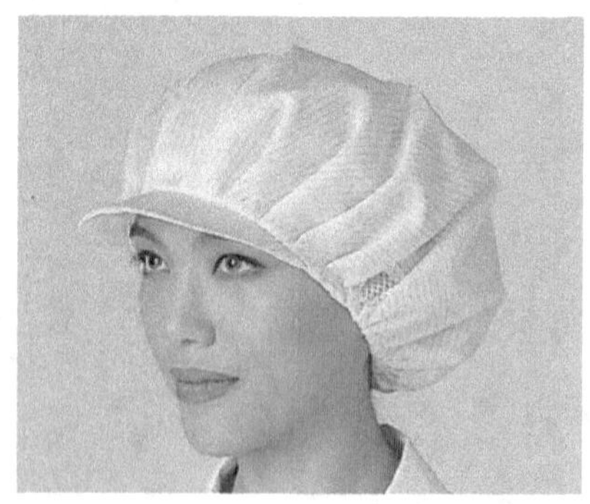

图 1-4　头发着装要求

4）禁止拆除或屏蔽处理 SMT 贴片设备安全门盖上的保护连锁开关，如有损坏现象，需立即处理，以免造成安全隐患。

5）严禁两人或多人同时操作一台机器。

3. 再流焊机使用安全注意事项

再流焊机（回流焊机）位于 SMT 生产线贴片机后面，其作用是提供加热环境，使预先分配到印制电路板焊盘上的焊锡膏熔化，使表面贴装元器件与印制电路板可靠地结合在一起。再流焊机使用方法简单、效率高，使用时应注意如下几个方面的安全问题。

1）再流焊机内部有加热器，会产生高温，在将回焊炉顶盖升起时务必用安全插销支撑炉盖，以防止当气压下降炉盖下压，造成人身伤害，如图 1-5 所示。

图 1-5　用安全插销支撑炉盖

2）如果关闭再流焊机，不可迅速切断电源，应逐步冷却，以防止轨道变形或作业员被烫伤。

3）再流焊机炉出口的 PCB 板虽然经过冷却，但仍然处于高温状态，PCB 脱着时须戴耐温手套，防止被灼伤。常见的耐高温手套如图 1-6 所示。

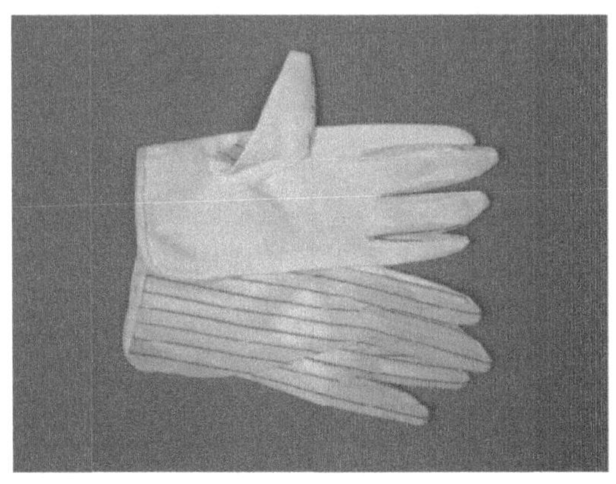

图 1-6　耐高温手套

4）有的再流焊机运行时，炉体中充有惰性气体，当需要打开炉子密封盖检查时，应避免将头伸入炉子内部，以防缺氧状况发生。

## 1.3 SMT 设备维护安全规范

为确保 SMT 生产设备能够连续、可靠、正常地工作，SMT 生产设备在使用过程中，要及时进行维护保养。我们应该掌握 SMT 生产设备进行维护保养的安全规范要求。

### 1. 印刷机维护的安全规范要求

印刷机在进行维修保养时，应注意以下方面的规范要求。

1）机器自动运行时不可打开安全罩，否则机器会紧急停止。

2）维护保养时，不可将手靠近工作台。因为切断电源后，印刷台仍可能移动。

3）维修电气装置时，必须先切断电源，开机状态不可触摸任何电气装备，以免发生触电事故。

4）维护运动部件时，开门前确认所有运动部件已经停止工作，否则可能造成严重事故。

5）眼睛不可直视传感器光源，以免造成损害。

### 2. 贴片机维护的安全规范要求

贴片机属于高速运转的精密机器，也是 SMT 生产中出问题较多的设备，在进行维修保养时，要注意如下的安全规范要求。

1）机器维护操作原则上由一人进行。

2）维修保养时，如需进入机器的动作部位，请先关掉主电源开关和电源盘上的开关。

3）机器在排除故障时，伺服电动机应处于“关闭”状态。

4）维修保养时，机器移动部位处（如 $Z$ 轴、$X$-$Y$ 工作台）禁止放置杂物。

5）检查传感器时使用专业的工具，严禁将手放在机器运转部位。

6）防护围栏、安全防护紧急停止装置等不能随便拆卸或任意改造。

7）眼睛不可直视激光传感器光源，以免造成伤害。

### 3. 再流焊机维护的安全规范要求

再流焊机属于高温加热设备，而且长期处于运转状态，在进行维护保养时，要注意以下的安全规范要求。

1）不可触碰高温区，注意机器高温区的提醒标记，佩戴防高温手套。

2）维修人员严格着装，注意衣角衣袖部分，防止被机器卷入造成危害。

3）不可随意拆除机械部件的安全装置。

4）设备电气维修前关闭电源开关，以防触电。

5）关闭顶盖升起系统时，切勿将手和头部升入系统，以防夹伤造成严重事故。

6）机器前、后各有 EMO 紧急停止按钮，一旦发现安全隐患或故障可迅速按下按钮。

7）使用专用炉膛清洁剂清洗炉膛，非特殊情况不可使用高挥发性溶剂。

8）使用炉膛清洁剂时，不可沾到眼睛和皮肤，如果不慎沾到应立即用清水冲洗，严重时立即就医。

## 1.4 SMT 设备安全标记

SMT 设备在生产、维护保养过程中，为了提醒操作者和维修员注意，在机器的特定部分都有安全标记。安全标记的程度一般有三种：危险（Danger）、警告（Warning）和注意（Caution）。

SMT 设备中常用的安全标记如下。

1）小心操作警示标记，如图 1-7 所示。本标记提醒操作员小心操作，注意保护，是较常见的标记。

图 1-7　小心操作警示标记

2）高电压警示标记，如图 1-8 所示。SMT 设备的部分电气设备包含有较多的高电压，该标记提示操作员注意高压电。

图 1-8　高电压警示标记

3）易燃物体警示标记，请勿靠近火源，如图 1-9 所示。印刷机网板的清洗会使用到一些易燃液体，因此使用此标记提醒操作者注意。

4）激光警示标记，请勿与眼睛对射，如图 1-10 所示。SMT 生产线上使用了大量的传感器，其中一部分是激光传感器，操作员要避免用眼睛直视。

图 1-9　易燃物警示标记

图 1-10　激光警示标记

5）高温物体警示标记，请勿触碰，如图 1-11 所示。

图 1-11　高温物体警示标记

6）毒性物体警示标记，请勿触碰，如图 1-12 所示。

图 1-12　毒性物体警示标记

7）注意机械夹伤警示标记，请勿触碰，如图 1-13 所示。

图 1-13　注意机械夹伤警示标记

8）静电防止区域警示标记，请注意防静电保护，如图 1-14 所示。

图 1-14　静电防止区域警示标记

9）佩戴护目镜警示标记，注意保护眼睛，请勿直视光源，如图 1-15 所示。

图 1-15　佩戴护目镜警示标记

10）防火警示标记，小心火焰喷射伤害，如图 1-16 所示。

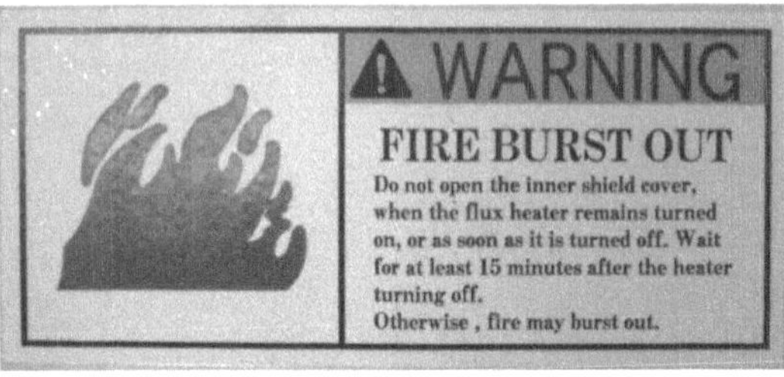


图 1-16　防火警示标记

## 练 习 题

1. 设备不安全状态，主要表现为哪些方面？
2. 人体防静电的措施有哪些？

3. 设备防静电的措施有哪些?
4. 印刷机使用注意事项主要有哪些?
5. 贴片机使用注意事项主要有哪些?
6. 再流焊机使用注意事项主要有哪些?
7. 印刷机维护的安全规范要求有哪些?
8. 贴片机维护的安全规范要求有哪些?
9. 再流焊机维护的安全规范要求有哪些?

# 第2章 附着工程

在一条完整的SMT生产线中，不仅仅是由自动印刷机、自动贴片机、自动回流焊机这些设备所组成的，还要在自动印刷机的前端，设置一个自动传送装置，把待印刷的PCB板自动送入印刷机内，进行印刷。这个自动传送装置通常叫做附着设备，完成这一部分的操作过程，通常称为附着工程。

要想熟练掌握自动印刷机、自动贴片机、回流焊机的操作技能，我们首先要了解附着工程设备的作用、组成结构和工作原理。

## 2.1 附着工程概述

SMT 生产线最前端的传送装置，一般称之为附着设备，完成部分的操作过程称为附着工程。只有传送装置工作状态良好，才能把待印刷的 PCB 电路板准确地送入印刷机中，完成印刷任务。

1. SMT 生产线的工作流程

SMT生产线生产PCB电路板的工作过程是，操作人员把空白的PCB电路板放入生产线最前端的传送装置中，传送装置自动把空白 PCB 板送入全自动印刷机内部，印刷机自动完成焊锡膏的印刷工作；印刷好的 PCB 板，从印刷机中自动出来，PCB 板通过导轨传送进入自动贴片机，贴片机完成各种电子元件的装贴；装贴完毕的 PCB 板，一般要通过人工检测或自动设备检测装贴质量后，才能让 PCB 板进入回流焊设备中进行焊接；焊接完毕并经过冷却处理的 PCB 板，从回流焊设备中出来，再经过人工或自动设备检测 PCB 的焊接质量后，PCB 板就装贴、焊接完毕。工作流程如图 2-1 所示。

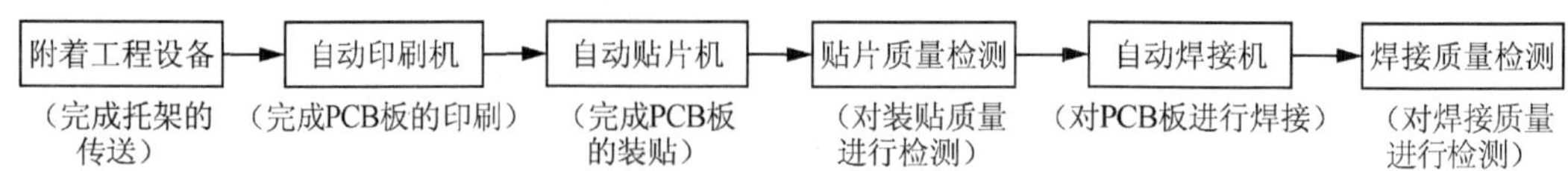


图 2-1　SMT 生产线工作流程

2. 附着工程的作用

附着工程的作用是，通过操作人员，把待印刷焊锡膏的空白 PCB 板，或待印刷装接胶的空白 PCB 板，平整地放入自动传送装置托架的槽中；通过传送装置的导轨，传送装置自动把装好 PCB 板的托架送入印刷机内，让 PCB 板在印刷机中自动完成印刷，准确地把焊锡膏或装接胶印刷在 PCB 板上。

3. 附着工程设备的组成结构

附着工程设备主要由工作台架、传动导轨、红外线传感器、驱动电动机和控制电路板等部分组成。

（1）附着工程设备的组成结构

附着工程设备整个组成结构如图 2-2 所示。图中，左半部分为附着设备工作台，右半部分为印刷设备工作台，两者构成一个完整的传送系统，在左右 4 个驱动电动机、左右 4 个传感器的控制下，共同完成 PCB 板的传送过程。

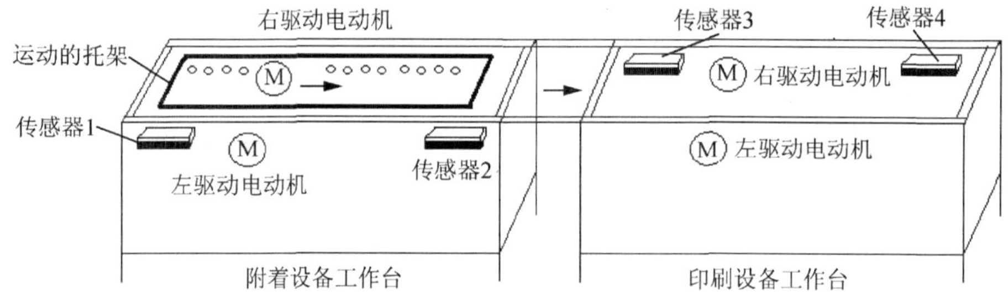


图 2-2　附着工程设备的组成结构

（2）附着工程设备的控制原理图

整个附着设备由一块单片机进行控制，控制电路结构原理图，如图 2-3 所示。整个装置共有 4 个红外线光电传感器，分别检测有无放入 PCB 托架、检测托架有无运行到位、检测托架有无进入印刷机的导轨、检测托架有无离开印刷机。托架处在不同的位置时，不同的红外线光电传感器会向单片机输入信号，单片机会根据托架的位置，输出不同的控制信号，分别驱动 4 个电动机按照要求进行转动，让托架运转自如，自动进入印刷机，印刷完毕，自动从印刷机中出来。

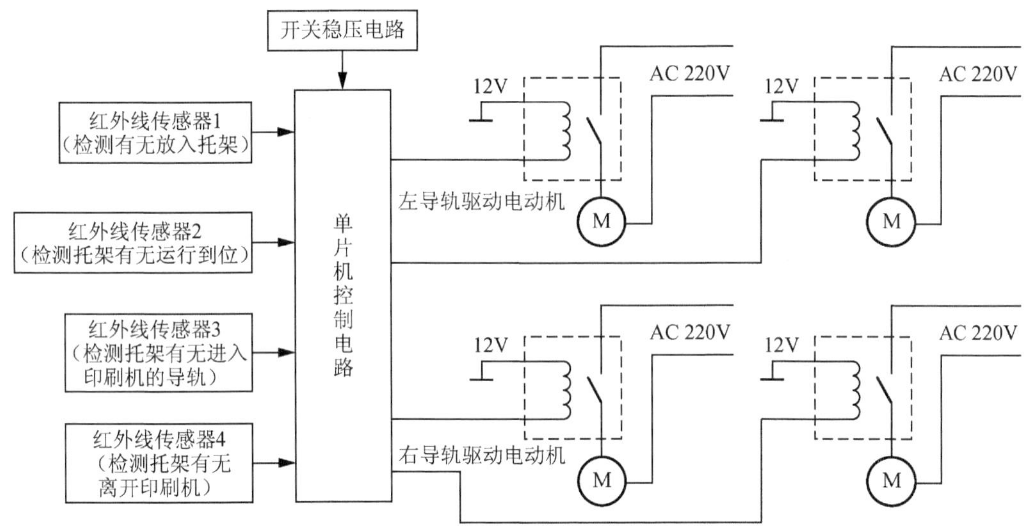


图 2-3 控制电路结构原理图

## 附着工程工艺及常见故障

附着工程设备的功能是，把放置有 PCB 板的托架传送至印刷机内，待印刷机把 PCB 板印刷完毕后，又把托架传送出印刷机。附着工程设备，是一个由光电传感器控制的自动控制装置，掌握好附着工程设备的工作原理、工艺要求和常见故障的排除方法，有助于提高我们的知识与技能水平。

### 1. 附着工程设备的工作原理

（1）电动机驱动托架运动的工作原理

在工作台的两边，各装有一台电动机，电动机的工作电压为 AC 220V，工作电流为 0.1A，左右两台电动机是同步工作的，即要么同时工作，要么同时停止。当两台电动机得电（受红外线传感器 1 控制）工作时，左边的电动机通过传动带，在导向轮的作用下，使左边的传动带沿水平方向向前运动，右边的电动机通过传动带，在导向轮的作用下，使右边的传动带沿水平方向向前运动。托架放置于左右两边的传动带上，左右两边的传动带带动托架（托架内放有待印刷焊锡膏的 PCB 板）向前运动，使托架从“附着设备工作台”进入“印刷设备工作台”，以便 PCB 板开始印刷焊锡膏。

（2）红外线光电传感器的工作原理

红外线传感器在工作台中是一个非常重要的器件，直接关系到托架的运动情况与生产效率，红外线传感器的结构、工作原理和参数如下。

1）光电传感器的组成。光电传感器一般由发光元件（光源）、光学器件和光电元件三部分组成，如图 2-4 所示。

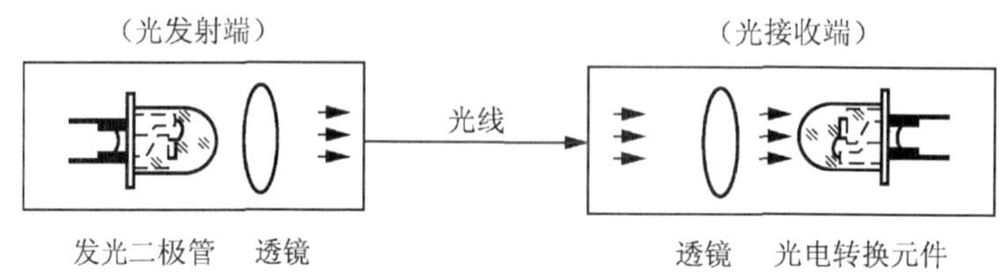


图 2-4　光电传感器的组成

2）各个部分的作用。发光元件的作用是产生光源，为了减少干扰，发光元件一般采用发光二极管，所发的光为红光或红外线光。光学器件一般为会聚透镜，把光源发出的光变为平行光，或把入射的光会聚成一个光点。光电元件的作用是，把入射的光转变为电信号，起光电转换作用，光电元件是构成光电式传感器最主要的部件。

3）光电传感器的工作原理。光电传感器主要应用于检测有无物体，相当于受光控制的开关——光电开关。

光电开关的工作原理是，利用光电元件，对变化的入射光进行接收，并进行光电转换成电信号，同时对电信号进行放大，放大之后的电信号输入到控制中心（一般为 PLC），控制中心再输出控制信号，控制机器的工作。

光电开关的特点是体积小、不需接触、灵敏度高，与单片机、PLC 等电路容易配合使用。因此，光电传感器广泛应用于工业自动化设备中，做光控制和光探测装置，用做物体检测、产品计数、物料位置检测、尺寸控制和安全报警等。

4）光电传感器的应用方式。光电传感器主要有遮断型、反射型这两种应用方式。

遮断型的工作原理是，其发光元件、接受光的光电元件，分别装在不同的小塑料壳体中，两个小塑料壳体再分别装在控制设备的两端，其特点是占用空间较大，如图 2-5 所示。

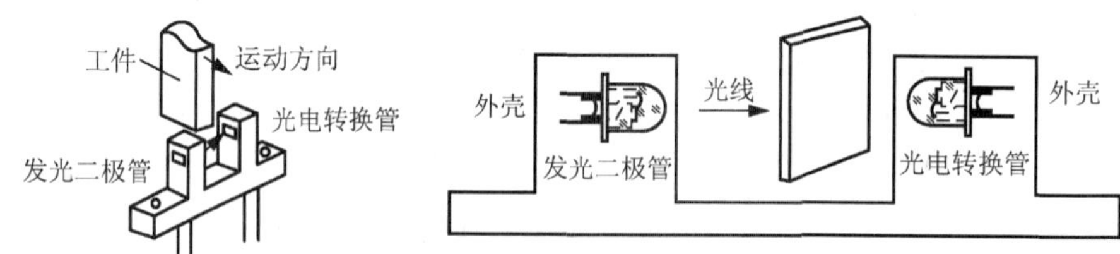


图 2-5　遮断型的工作原理

反射型的工作原理是，其发光元件、光学器件、光电元件，放置于一个体积很小的塑料壳体中，其特点是可靠性高、体积小、使用方便，如图 2-6 所示。

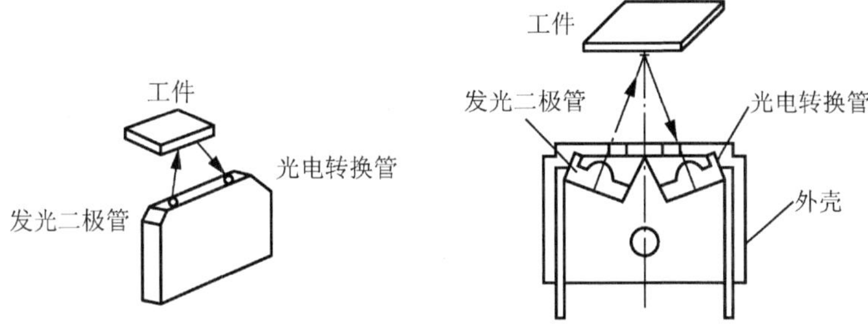


图 2-6 反射型的工作原理

5）红外线传感器的参数。红外线传感器有三条引线，一条为电源线，供电电压一般为 12V，与开关稳压电路相连；一条为接地线；另一条为传感信号输出线，与单片机的输入端相连。

（3）托架自动运行的工作原理

当操作人员把托架放入附着设备工作台的左右传动带上后，传感器 1（图 2-2）会感应到有托架存在，传感器即向单片机送回一个脉冲信号，单片机即会输出控制信号，让左右两个电动机同时转动，左右传动带驱动托架向前运动。

当托架向前运动到传感器 2（图 2-2）的位置时，传感器 2 会感应到有托架存在，传感器 2 又会给单片机送回一个脉冲信号，此时托架的运动分两种情况来进行。

若印刷机内无 PCB 板（即托架），传感器 4（图 2-2）就不会向单片机回送信号，则单片机令附着设备工作台的左右电动机继续转动，把托架送往印刷设备工作台，当托架进入传感器 3（图 2-2）的位置时，传感器 3 会向单片机回送一个脉冲信号，单片机一旦接收到传感器 3 的信号，单片机即会输出控制信号，让印刷设备工作台的左右电动机同时转动，驱动托架向前运动，至印刷位置时，托架停止运动，开始印刷焊锡膏。

若印刷机内有 PCB 板，传感器 4 就会向单片机回送信号，则单片机令附着设备工作台的左右电动机停止转动，托架原地待命不动。当印刷机内的 PCB 板印刷完毕，印刷机内的托架离开印刷机后，传感器 4 就不会向单片机回送信号，则单片机令附着设备工作台的左右电动机同时转动，托架随即被送入印刷设备工作台，传感器 3 感应到信号后，单片机让印刷设备工作台的左右电动机同时转动，驱动托架继续向前运动，至印刷位置时，托架才停止运动。

### 2. 附着工程操作的流程与工艺要求

附着工程操作的流程与工艺要求如下。

1）给工作台通电，确认工作台无异常情况。

2）把托架平放在工作台上。

3）把印好编码的 PCB 板平整地放入托架的槽中。

4）用带有黏胶的压轮来回滚动一次，压平 PCB 板。此项操作工艺的目的有两个，一是压平 PCB 板，二是利用压轮黏胶的黏性，除去 PCB 板上的尘埃与杂质，保证 PCB 板平整光洁。

5）把装有 PCB 板的托架放入工作台的传动带上，托架即会按照程序运行。

6）当托架运作不正常时，应按停止按钮停机检修。

3. 附着工程工作台常见故障

工作台在使用过程中，会出现一些故障，常见的故障现象及排除方法如下。

1）通电后指示灯不亮，工作台完全不工作。要检查电网 220V 的输入情况。

2）通电后指示灯亮，但传感器无红光发出，工作台不工作。要检查电源开关稳压电路是否正常工作。

3）电源指示灯亮，但放入托架后托架不向前运动。应检查传感器 1 有无损坏。

4）托架可向前运动，但不会出现等待动作。应检查传感器 2 与传感器 4 有无损坏。

5）放入托架后，托架无法进入印刷工作台。应检查传感器 3 有无损坏。

若传感器没有损坏，应检查驱动电动机、单片机的工作情况。

## 练 习 题

1. 什么是附着工程？
2. 附着工程设备由哪些设备组成？
3. 简述红外线光电传感器的工作原理。
4. 附着工程有何工艺要求？
5. 附着工程工作台常见的故障有哪些？

# 第3章 印刷工艺技术

在一条完整的 SMT 生产线中，附着设备之后就是印刷设备。完成印刷部分的操作过程，通常称为印刷工程。

印刷工程的作用是，把附着设备通过导轨送来的 PCB 板的托架，送入焊锡膏印刷机中，通过印刷机构，把焊锡膏准确地印刷在 PCB 板的焊盘上，以便于贴片机（SMT）装贴电子元器件。

本章将系统介绍印刷工程中，焊料、钢网与刮刀、印刷工艺、全自动印刷机等关键材料与设备，以及组成结构、工作原理、操作方法和注意事项等方面的内容。

## 3.1 焊　料

焊锡膏又称锡膏，焊锡膏是由合金焊料粉、焊剂和一些添加剂混合而成的。

合金焊料粉又称焊料，是焊锡膏的主要成分。焊料按照是否含有铅可分为有铅焊料、无铅焊料。

### 1. 焊接电子产品时对焊料的要求

电子元器件的焊接，就是利用易熔的金属（锡等）加热熔化之后，与焊盘的金属（主要是铜）结合在一起形成合金的过程，焊接完成之后，使电子元器件与 PCB 板的焊盘之间实现机械连接与电气连接。为了保证焊接质量，对焊接用的焊料有如下几个方面的要求。

1）焊料的熔点不能太高。一般地，含有铅的焊料的熔点应在 180～220℃，无铅焊料的熔点应在 230～250℃，实际焊接时的温度，要比焊料熔化的温度高出约 40℃，在上述温度范围内进行焊接时，对电子元器件和 PCB 板是安全的。若温度再高，则会损坏电子元器件与 PCB 板。

2）焊料在熔化后，流动性要好。这样有利于去除焊盘的氧化物，使焊料均匀分布，以利于形成合金。

3）焊料熔化之后的凝固时间要短。焊料的凝固时间短，才有利于焊点成形，提高生产效率。

4）焊料导电性要好，机械强度要足够高。焊料的导电性好，才能满足 PCB 板对导电性能的要求。

5）焊料抗腐蚀性要好。焊料在常温下的空气中，应有较好的抗腐蚀性能，以防对 PCB 板产生腐蚀作用。

### 2. 有铅焊料

焊料按照是否含有铅来分，可以分为有铅焊料、无铅焊料。较早期使用的焊料含铅量较高，也即焊锡膏中的合金焊料粉含有铅，故称为有铅焊料。随着人们环保意识的提高，现在已开始推广使用无铅焊料。下面先介绍有铅焊料的内容。

（1）锡的物理化学性质

锡的物理性质。锡是银白色的金属，延展性很好，熔点约为 230℃，密度约为 7.3g/cm$^3$，有较好的导电性和导热性。

锡的化学性质。锡在常温下易氧化，与金、银、铜等金属易发生作用形成金属化合物，对人体无害，强酸、强碱对锡有腐蚀作用，水和空气等对锡则无腐蚀作用。

（2）铅的物理化学性质

铅的物理性质。铅是灰色的金属，延展性很好，熔点约为 327.4℃，密度约为 11.3g/cm$^3$，导电性、导热性不是很好，具有润滑性。

铅的化学性质。铅与锡、金、银、铜等金属易发生作用形成金属化合物，对人体有害，强酸、强碱对铅有腐蚀作用，水和空气等对铅则无腐蚀作用。

（3）铅锡合金的物理化学性质

在有铅焊料中，合金焊料粉通常由锡铅（Sn-Pb）、锡铅银（Sn-Pb-Ag）、锡铅铋（Sn-Pb-Bi）等几种金属按照一定比例组合而成的，最常用的合金成分比例为 Sn63%＋Pb37%。

焊锡膏中的金属焊料粉不使用单质金属而采用合金，因为合金焊料粉具有更好的物理化学性质，更适合用来焊接电子元器件。

1）合金的熔点会降低。合金成分比例为 Sn63%＋Pb37%焊料，其熔点为 183℃，这个温度比单质的锡、铅的熔点都要低，更有利于电子元器件的焊接。

2）合金的机械强度会提高。实验表明，铅锡合金抗拉的机械强度比单质铅、锡的机械强度要高出 1 倍以上。

3）合金的表面张力会降低。合金熔化之后，液体的表面张力会下降，流动性会变好，易于焊盘铜形成新的合金。

4）化学稳定性更好。锡中加入铅之后，形成的合金的抗氧化性会变好，使 PCB 板抗腐蚀性能力得到提高。

5）导电性会变好。单质的铅或锡的导电性都不理想，而合金由于机械强度提高、表面张力降低，与焊盘的铜形成新的合金时，接触的面积、分子之间的结合力都会变大，故导电性会变好。

（4）其他金属元素对焊接质量的影响

有铅焊料中的合金焊料粉是以锡、铅为主的，若加入其他的金属元素，不同的金属会产生不同的影响，常见的金属对焊接的影响情况如下。

银会使焊点失去光泽、熔点提高，焊点导电性会变好。

铜会使焊点可焊性变差、变硬而脆、熔点提高，焊点导电性会变好。

锌会使焊点流动性变差、变粗糙，对导电性影响不大。

锑会使焊点流动性变差、变脆，焊点导电性变差。

### 3. 无铅焊料

（1）无铅焊料的含义

无铅焊料，是指焊锡膏中的合金焊料粉以锡为主，加入少量的银、铜、锌、锑等金属元素（不加铅元素），所形成的焊料。目前，市面上较流行的“SAC”系列的无铅焊料各种金属的比例见表 3-1。

**表 3-1 无铅焊料金属比例表**

| 型号 | Sn 的含量/% | Ag 的含量/% | Cu 的含量/% |
|---|---|---|---|
| SAC305 | 96.5 | 3.0 | 0.5 |
| SAC387 | 95.5 | 3.8 | 0.7 |
| SAC396 | 95.5 | 3.9 | 0.6 |
| SAC405 | 95.5 | 4.0 | 0.5 |

各种金属的比例不同，或所加的金属不同，其熔点、抗拉强度等物理性质也就不同。

（2）无铅焊料的特点

无铅焊料与有铅焊料相比，具有如下几个方面的特点。

1）无铅焊料的焊接温度较高。无铅焊料的焊接温度，比有铅焊料的焊接温度约高 30℃，焊接时对电子元器件的热冲击较大。

2）无铅焊料的焊接条件较高。有些金属如锌，化学活动性较强，易产生氧化物，对焊接不利，为了保证焊接质量，必须在加入氮气条件下进行焊接。

3）无毒无害，不会对环境造成影响。

### 4. 焊锡膏

上述焊料，不论是有铅焊料，还是无铅焊料，在加入焊剂和添加剂之后，可以做成固体的产品来使用，也可做成流体产品来使用。我们经常用于手工焊接的焊锡丝就属于固体产品类。做成流体状的产品使用时，就是焊锡膏，焊锡膏主要用在 SMT 电子产品的焊接中。焊锡膏在使用时，先要通过印刷的方法，把焊锡膏印在 PCB 板的焊盘上，通过贴片技术，把电子元器件装贴在焊盘上，最后通过再流焊技术把元器件焊接在 PCB 板上，即完成电路板的生产过程。

焊锡膏是 SMT 生产技术中非常重要的辅助材料，焊锡膏质量的好坏直接关系到 SMT 产品的质量。常见的焊锡膏如图 3-1 所示。

图 3-1　焊锡膏

（1）焊锡膏的制作过程

焊锡膏的制作过程是，先把焊料合金制成粉末，再把合金粉末、助焊剂和添加剂等均匀地混合在一起，即成为焊锡膏。焊锡膏是一种混合物，具有一定的粘性和良好的触变性，具有良好的印刷性能和再流焊性能，贮存时为稳定的膏状体。

焊料合金在制成粉末时，粉末的形状有的为雨滴状，有的为球状，颗粒大小也不均匀，如图 3-2 所示。合金焊料粉颗粒的直径主要以 45～75μm 和 20～45μm 这两个范围居多。

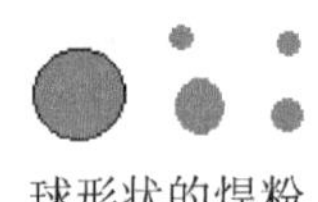
球形状的焊粉

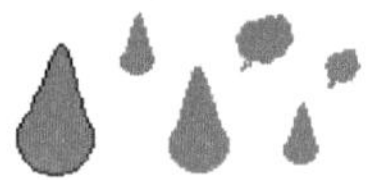
雨滴状的焊粉

图 3-2　合金粉末的形状

粉末的形状、颗粒大小，对焊锡膏的性能影响很大，主要影响其塌落度、黏度和印刷性能。一般地，由印刷钢板的开口尺寸来决定合金焊料粉颗粒的大小和形状，不同的焊盘尺寸和元器件引脚，应选用不同颗粒度的焊料粉。

合金颗粒的直径同钢网开孔尺寸有着密切的联系。颗粒直径过大，容易造成印刷时钢网堵塞；颗粒直径小，则焊锡膏印刷后会有更好的印条清晰度，但容易产生塌边，同时被氧化的程度和概率也高。

电子元器件引脚间距、钢网开孔宽度和焊锡颗粒的对应关系应满足表 3-2 的要求，即元件引脚间距、钢网开孔宽度和焊锡颗粒直径的对应关系。

表 3-2 引脚间距、钢网开孔宽度和焊锡颗粒直径对应关系表

| 引脚间距/mm | ＞0.8 | 0.65 | 0.5 | 0.4 |
|---|---|---|---|---|
| 钢网开孔宽度/mm | ＞0.4 | 0.33 | 0.25 | 0.2 |
| 焊锡颗粒直径/μm | ＞75 | ＜60 | ＜50 | ＜40 |

合金焊料粉是焊锡膏的主要成分，占焊锡膏重量的 85%～90%，助焊剂、添加剂等占焊锡膏重量的 10%～15%。合金含量较高（大于 90%）时，可以改善印刷之后的塌落度，有利于形成饱满的焊点，并且由于焊剂量相对较少可减少焊剂残留物，有效防止焊球的出现，缺点是对印刷和焊接工艺要求较严格。金属含量较低（小于 85%）时，印刷性好，焊膏不易粘刮刀，漏版寿命长，润湿性好，此外加工较易，缺点是印刷之后焊锡膏易塌落，易出现焊球和桥接等缺陷。

在焊锡膏中，助焊剂和添加剂是合金焊料粉的载体，占焊锡膏重量的 10%～15%。其主要的作用是清除被焊件及合金焊料粉的表面氧化物，使焊料迅速扩散并附着在被焊金属表面。助焊剂和添加剂的组成主要为活性剂（主要为松香）、成膜剂、胶粘剂、润湿剂、触变剂、溶剂和增稠剂。

（2）焊锡膏的分类

焊锡膏的种类较多，按照不同的分类方法，可分为不同的种类。

按照焊料熔化的温度来分，熔化温度在 250℃以上的，为高温焊锡膏；熔化温度在 170～220℃的，为中温焊锡膏；熔化温度在 150℃以下的为低温焊锡膏。传统的合金成分比例为 Sn63%＋Pb37%的焊锡膏为中温焊锡膏和无铅焊锡膏为高温焊锡膏。

按照使用的助焊剂来分，可以分为有机型焊锡膏和无机型焊锡膏。有机型焊锡膏常用的助焊剂为树脂（如松香）、有机酸、有机卤化物等，这类焊锡膏的活性较弱，吸湿性小，在 SMT 工艺中常用。其中树脂类的助焊剂受热熔化再冷却后，会形成一层致密的保护涂层，对焊接的表面能起到一定的保护作用，不需要清洗。而有机酸、有机卤化物等助焊剂，在要求不高的场合，可不必清洗，要进行清洗时，可用酒精等溶剂进行清洗。无机型的焊锡膏常用无机盐、无机酸（如 HCI）作为助焊剂，这类焊锡膏的活性强、腐蚀性大，焊接完毕后必须清洗干净，在 SMT 工艺中很少使用。

按照助焊剂的活化性来分，可以分为强活化型（RSA 型）、活化型（RA 型）、弱活化型（RMA 型）和非活化型（R）。在 SMT 生产工艺中，一般要求选用弱活化型助焊剂（RMA）。

（3）焊锡膏的特性

焊锡膏是由合金粉末、助焊剂和添加剂组成的混合物，不同的焊锡膏的性能是有差异的，焊锡膏的特性常用黏度、坍塌性和工作寿命来表示。

1）黏度。黏度是表示流体流动性好坏的一个物理量，当流体的分子之间出现相对运动情况时，分子之间会产生摩擦阻力，这一摩擦阻力的大小用黏度来表示。焊锡膏黏度的大小，与合金粉末颗粒的形状、大小、含量的多少有关，也与温度有关。合金粉末

的颗粒形状呈雨滴状、颗粒越大时，焊锡膏的黏度会越大。温度上升时，焊锡膏的黏度会下降。

黏度是焊锡膏的一个重要特性，黏度过大或过小都会影响印刷质量。在印刷过程中，若黏度过低，则流动性会过大，易于流入模板孔内，印到 PCB 的焊盘上，但在印刷过后，锡膏停留在 PCB 焊盘上时，则难保持其填充的形状，会产生往下塌陷的情况，影响印刷的分辨率和线条的平整性。黏度过大，焊锡膏不易穿过钢网的开孔，印刷出来焊锡膏的线条残缺不全，易引起元器件虚焊。

采用钢网来进行印刷时，优先选用黏度在 600～900Pa・s 的焊锡膏，判断锡膏的黏度是否合理可用，有一种实用的经验方法，即用刮勺在容器罐内搅拌焊锡膏约 30s，然后挑起一些锡膏，高出容器罐三四英寸，让锡膏自行往下滴，开始时应该像稠的糖浆一样滑落而下，然后分段断裂落下到容器罐内。如果锡膏不能滑落，则太稠，如果一直落下而没有断裂，则太稀，即黏度太低。

2）坍塌性。焊锡膏印刷在 PCB 板的焊盘上之后，焊锡膏是会往外扩散的，这种扩散能力用坍塌性来表示。焊锡膏少量的坍塌是允许的，但过量的坍塌会在焊盘之间引起桥接。焊锡膏坍塌性的大小与黏度大小有直接的关系。

3）工作寿命。焊锡膏的工作寿命定义为性质保持不变所持续的时间。焊锡膏在不同的工作条件、环境下，工作寿命的含义是不同的，见表 3-3。

**表 3-3 焊锡膏的寿命**

| 条件 | 时间 | 环境 |
|---|---|---|
| 装运 | 4 天 | <10℃ |
| 冷藏保存 | 3～6 个月 | 0～5℃冰箱 |
| 室温放置 | 5 天 | 湿度：30%～60%RH<br>温度：15～25℃ |
| 稳定时间（从冰箱取出后） | 8h | 室温<br>湿度：30%～60%RH<br>温度：15～25℃ |
| 模板寿命 | 4h | 机器环境<br>湿度：30%～60%RH<br>温度：15～25℃ |

模板寿命是指从打开瓶盖放置、印刷过程、元器件贴片、定位检查，到烘烤回流焊接，其性质保持不变的时间。焊锡膏的使用应在规定的时间内使用，否则会影响 PCB 板的焊接质量。

（4）焊锡膏的要求

在 SMT 生产过程中，对焊膏有以下要求。

1）具有较长的贮存寿命。在 0～10℃下保存 3～6 个月，不会发生化学变化，也不会出现焊料粉和焊剂分离的现象，并保持其黏度不变。

2）有较长的工作寿命。在印刷或滴涂后，通常要求能在常温下放置 8～12h，其性能保持不变。

3）在印刷或涂布后，以及在再流焊预热过程中，焊膏应保持原来的形状和大小不变。

4）具有良好的润湿性能。焊剂中的活性剂和润湿剂成分应合理，以便达到润湿性能的要求。

5）不发生焊料飞溅。焊接时焊料出现飞溅情况，主要与焊膏的吸水性、溶剂的类型、沸点、焊料粉中杂质类型和含量有关。

6）具有较好的焊接强度，焊接完成后，确保不会因振动等因素出现元器件脱落。

7）焊后残留物，应无腐蚀性，有较高的绝缘电阻，且清洗性要好。

8）具有良好的印刷性，即流动性、脱版性、连续印刷性等要好。

（5）使用焊锡膏的注意事项

1）领取焊锡膏应登记到达时间、失效期、型号等数据，并为每罐焊锡膏编上号，然后保存在温度为 0～5℃恒温、恒湿的冰箱内。如储存温度过高，焊锡膏中的合金粉末和焊剂会产生化学反应，使焊锡膏的黏度升高，影响其印刷质量；如存储温度低于 0℃，锡膏中的松香成分会发生结晶现象，在焊接过程中，易出现焊料球或虚焊等问题。

2）使用焊锡膏时，应按照先进先出的原则，从冰箱中取出后，记下时间、编号、使用者、应用的产品，未开盖的情况下，室温下放置 4～6h，待焊锡膏达到室温时打开瓶盖。如果在低温下打开，容易吸收水汽，再流焊时容易产行锡珠。注意不要把焊锡膏置于热风器、空调等旁边，否则会加速它的升温。

3）焊锡膏开封前，需使用离心式的搅拌机进行搅拌，使焊锡膏中的各成分均匀，降低焊锡膏的黏度。焊锡膏开封后，原则上应在当天内用完，超过使用期的焊锡膏不能使用。

4）开始生产前，操作者要使用专用的不锈钢棒搅拌焊锡膏，使其均匀，才能使用。并定时使用黏度测试仪对焊锡膏黏度进行抽测。

5）根据印制板的幅面大小及焊点数量，决定第一次加到钢网上的焊锡膏量，一般第一次加 200～300g，印刷一段时间后，再适当加入一点。

6）焊锡膏置于钢网上超过 30min 未使用时，应重新搅拌后再使用。若中间放置时间较长，应将焊锡膏重新放回罐中，并拧紧瓶盖放于冰箱中冷藏。

7）PCB 板印刷后，应在 12h 内贴装完，超过时间应把 PCB 板上的焊锡膏清洗后重新印刷。

8）焊锡膏印刷时的最佳温度为 25℃，相对湿度以 60%为宜。温度过高，焊锡膏容易吸收水汽，在再流焊时产生锡珠。

# 3.2 防静电要求安全规范

钢网与刮刀是全自动印刷机完成印刷的关键部分。钢网与刮刀的作用是，在印刷时，刮刀推动焊锡膏向前运动，焊锡膏在刮刀一定压力的作用下，从钢网的网孔中漏（挤）出去，并粘附在钢网下面的 PCB 板的焊盘上，完成 PCB 板的印刷过程。不同种类的钢网与刮刀，结构、尺寸有所不同时，其使用要求也有差异。

1. 钢网

钢网又叫网板、丝网，是焊锡膏印刷 PCB 电路板的关键工具之一，对于固定的印刷设备，钢网的外形、尺寸是固定的，但钢网孔的大小、位置、形状、数量是随 PCB 板焊盘的位置变化的，换言之，印刷不同规格的 PCB 板要用不同规格的钢网。钢网孔的大小、位置、形状、数量，必须与 PCB 板上焊盘的大小、位置、形状、数量严格一致，才能完成印刷过程。

（1）钢网的结构

钢网的外形一般都是长方形，外框采用铝方管焊接而成，中间是不锈钢金属薄板，金属薄板与外框相连，并且固定在框内侧成为一体。薄板上开有许多的孔，孔的大小、位置、形状、数量与 PCB 板上的焊盘是完全对应的，看起来很像一个过滤用的筛子。这种结构使得金属薄板既平整又富有弹性，确保在印刷焊锡膏时，在刮刀压力的作用下，能紧贴 PCB 板的表面，完成印刷操作工艺过程。

（2）钢网的尺寸

钢网框架的外形尺寸范围一般在 370mm×470mm～550mm×650mm，使用时应根据 PCB 板的大小来选用钢网的尺寸。

框架内薄板的内边与印刷图形（即钢网漏孔）的距离，纵向必须大于 90mm，横向必须大于 50mm，如图 3-3 所示，以便刮刀在印刷时有适当的活动空间。

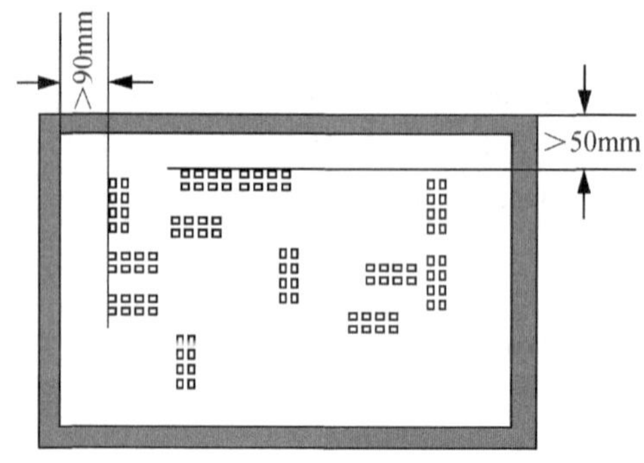


图 3-3 钢网的结构

钢网的厚度一般在 0.15～0.2mm，钢网的厚度直接影响印刷之后焊锡膏的厚度，应根据 PCB 板对焊锡量的要求，选用钢网的厚度。当印出的锡膏较饱满焊锡膏的厚度太厚时，可以通过减少钢网厚度的方法来纠正。

（3）钢网孔的制造方法

在平整的不锈钢金属薄板上，必须按照要求开孔才能使用，开孔的常用方法有化学腐蚀法、激光切割法和电镀法。

采用化学腐蚀法进行开孔的过程是，在不锈钢金属薄板的正反面都贴好照相用的感光膜，然后采用照相用的曝光技术，对正反面的感光膜进行曝光，再经过化学腐蚀法，腐蚀掉没有受感光膜保护的金属部分。采用此法所开的孔，位置的精度有较大的误差，孔的内壁因腐蚀不理想也不够光滑，较适于制作孔径较大的钢网。

采用激光切割法进行开孔的过程是，用激光发生器产生的光束，作为切割用的光刀，直接在金属薄板上进行切割开孔，再经过抛光处理即可。因为在切割过程中，产生的金属渣会落在薄板的表面及孔的内壁面上，形成粗糙的表面，故应经过电抛光处理才行。电抛光的方法是，把金属薄板接到一个电极上，并把金属薄板浸入酸浴中，另一个电极插入酸液中，通电后，电流使腐蚀剂首先侵蚀孔内壁较粗糙的表面，对孔内壁的作用大于对金属薄板顶面和底面的作用，结果孔内壁就会产生抛光的效果。激光切割法的优点是精度高，适用于各种孔径的钢网，目前，绝大多数钢网都采用这种方法来制作。

采用电镀法制作钢网，精度更高，开孔的密度可以更密集，适合于制作超细、超精度的网孔。因此法生产成本高、会对环境产生污染，故较少使用。

（4）钢网的使用要求

1）生产过程中要定期进行清洗。在焊锡膏印刷过程中，每印刷 10～15 块 PCB 板，需要对钢网底部清洗一次，消除钢网底部残留的焊锡膏，一般使用无水酒精或专用的清洗剂（异丙醇和水以 3∶1 比例配制的混合溶剂）进行清洗。清洗时，可以手工拿柔软的布，蘸上清洗液从钢网的底部进行擦拭；对全自动印刷机，则无需进行人工清洗，印刷机会自动进行清洗。

2）一天工作结束或一个产品完工后要清洗。清洗时，从印刷机上取下钢网，在装有清洗液的洗涤池里，先用柔软的布进行擦拭，擦拭干净后，用 5～6kg/cm$^2$ 的高压气枪，吹去残留在开口部的焊锡膏，竖直放置在专用的支架上。

3）钢网的使用寿命。钢网的使用寿命一般为 5000 次，到达使用寿命后就应更换，因钢网经过刮刀不断刮动之后，会越来越薄，焊盘上印刷的锡量会越来越少，故必须更换。

## 2. 刮板

（1）刮板的作用

刮板（Squeegee）又叫刮刀，刮板的作用是，在印刷过程中，让焊锡膏在前面滚动，使焊锡膏流入钢网孔内，然后刮去多余锡膏，在 PCB 板的焊盘上留下与钢网一样厚的焊锡膏。

（2）刮板的种类及特点

常见的刮板分为两种类型，橡胶或聚氨酯刮板和金属刮板。

金属刮板由不锈钢或黄铜制成，刀片的形状平直，工作时的印刷角度为 30°～55°。金属刮板的优点是，即使工作压力较高时，也不会从钢网孔中挖出锡膏，不容易磨损寿命长；其缺点是，价格较高，并可引起钢网磨损。

橡胶刮板的特点是，当工作压力过高时，焊锡膏会渗入到钢网的底部，造成桥接，故要频繁地清洗钢网的底部；过高的压力也会从钢网宽的开孔中挖出锡膏，引起焊锡圆角不够；刮板压力低，易造成印刷遗漏和使边缘粗糙化。橡胶刮板较少使用。

（3）刮板的要求

刮板的边缘应该锋利、平直，有一定的硬度与弹性。刮板的磨损程度及工作时的压力、硬度决定了印刷的质量，在实际生产中，应该仔细调试。常见的刮刀如图 3-4 所示。

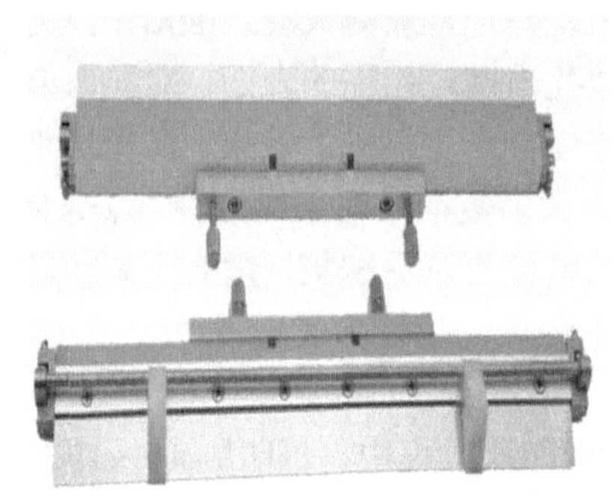
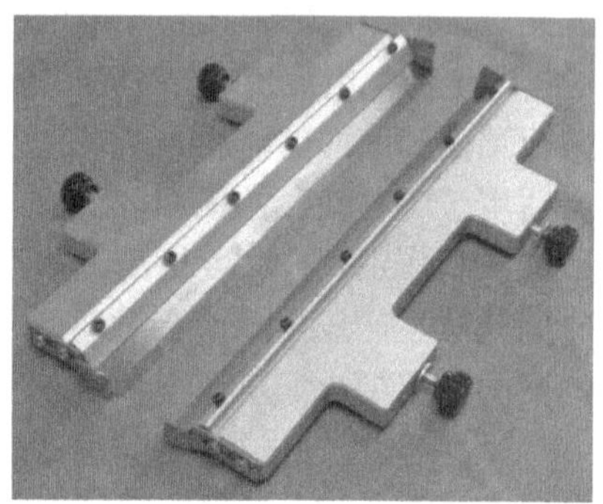

图 3-4　刮刀

## 3.3 焊锡膏的印刷工艺

空白的 PCB 电路板在印刷机内的印刷过程，就是把焊锡膏准确地印刷在 PCB 板焊盘上的过程。在印刷过程中，印刷机的各个动作是在微电脑的统一控制下自动完成的。

在印刷 PCB 板的生产过程中，操作者应根据不同 PCB 板对印刷工艺的要求，调整（设定）好印刷机的有关参数，从而印刷出高品质的 PCB 板。印刷机的印刷原理、参数的设置、印刷质量的检查等方面的内容，是操作者应掌握的知识与技能。

1. 焊锡膏印刷的原理

PCB 印制电路板焊盘上的焊锡膏，是用焊锡膏印刷机完成的。印刷时，整个过程如下。

1）制作钢网。先根据 PCB 印制电路板上焊盘的大小、形状、位置和数量制作出钢网。

2）固定钢网。钢网固定在印刷机的架子上，有的用螺钉来固定，有的用电磁铁来固定，有的用真空的方法来固定。

3）固定 PCB 板。待印刷的 PCB 电路板固定在专用的支架上，专用的支架再放置于可以上下、左右运动并可以左右旋转的工作台上。

4）放置焊锡膏。把从冰箱内取出的、已放置一段时间的焊锡膏瓶，用旋转搅拌机进行搅拌，搅拌均匀后开盖，用刮刀挑起适量焊锡膏放置于钢网上。

5）工作台上移，让 PCB 板贴紧钢网。

6）钢网孔与 PCB 板的焊盘进行对位。对位时，钢网是固定不动的，通过调整固定 PCB 板的工作台的上下、左右、旋转位置的参数来进行对位。全自动印刷机一般通过光学装置，自动完成对位，不需人工操作。

7）刮刀垂直下移，并向前运动。刮刀下移之后，对刮刀施加一定的压力（气体的压力一般为 5 个压力，即 0.5MPa 或 5kg/cm$^2$），同时刮刀的支架带动刮刀向前运动，使焊锡膏向前滚动，把焊锡膏填充到钢网孔内，焊锡膏穿过钢网孔再落在底部 PCB 板的焊盘上。

8）钢网与 PCB 板的支架分离。钢网一般固定不动，装有 PCB 板的支架向下移动，与钢网进行分离。

9）刮刀回位。印刷完毕，刮刀垂直上移，等待下一次印刷。

刮刀一般是两片装在一起使用的，并且这两片刀的刀面，安装的方向是相反的，刮刀去程时刮一次，印刷一块电路板，回程时刮一次，再印刷一块电路板。这样来回刮，无需人工刮回焊锡膏，提高了生产效率。焊锡膏印刷的原理如图 3-5 所示。

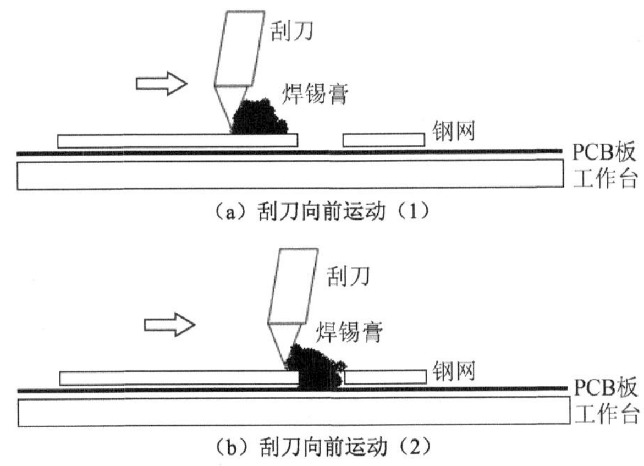


图 3-5　焊锡膏印刷的原理

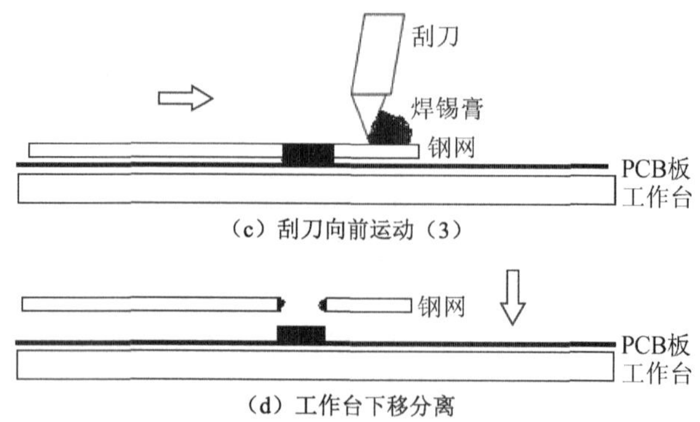

（c）刮刀向前运动（3）
（d）工作台下移分离

图 3-5 焊锡膏印刷的原理（续）

2. 常用的印刷方式

按照印刷时，钢网与 PCB 板之间距离的大小来分，可以分为非接触印刷式和接触印刷式两种方式。

（1）非接触式印刷

非接触式印刷（Off-Contact）的钢网与 PCB 板之间有较大的间隙。印刷过程中，刮刀施加一定的压力之后，钢网发生弹性形变，钢网与 PCB 板相互接触，完成印刷过程。非接触式印刷所用的钢网是柔性的金属丝网。

这种印刷方式较少使用，因为在印刷过程中，钢网发生弹性形变，整个钢网各处的形变情况不同，易产生印刷位置偏离，以及焊锡膏填充量不足、不均匀或桥连的情况，如图 3-6 所示。

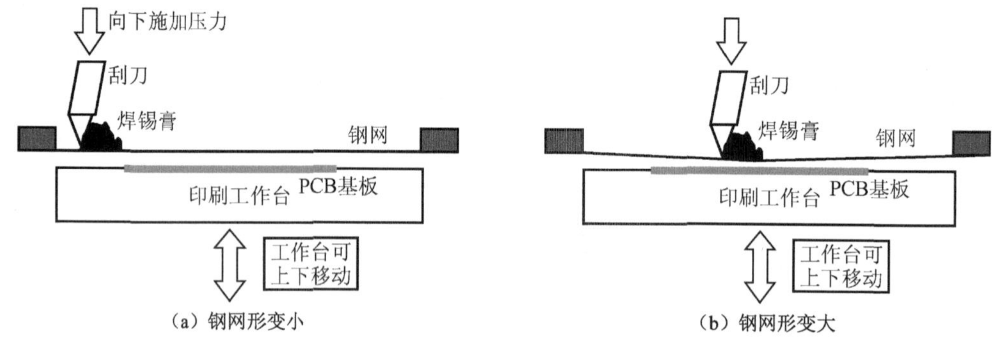

（a）钢网形变小
（b）钢网形变大

图 3-6 非接触式印刷原理

（2）接触式印刷

接触式印刷（On-Contact）的钢网与 PCB 板之间相互接触，基本没有间隙。印刷过程中，刮刀施加一定的压力之后，钢网不发生弹性形变，完成印刷过程。这种印刷方式使用的钢网是金属模板式的，且这种印刷方式很常用，如图 3-7 所示。

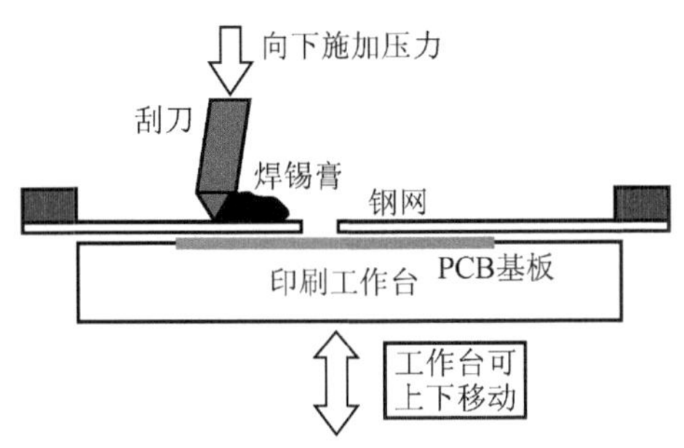


图 3-7　接触式印刷原理

3. 焊锡膏印刷过程中的参数

为了达到良好的印刷效果，除了焊锡膏材料（黏度、金属含量、最大粉末尺寸和尽可能最低的助焊剂活性）、良好的工具外（印刷机、模板和刮刀），正确的工艺过程也是非常重要的。

在焊锡膏的印刷过程中，刮刀运行的角度、刮刀运行的速度、对刮刀施加的压力、印刷的间隙、PCB 板与钢网分离的速度、刮刀的形状与材料等参数，会直接影响印刷的质量。应根据不同的产品，在印刷程序中设置相应的印刷工艺参数，才能达到最佳的印刷效果。

（1）刮刀运行的角度

刮刀运行的角度，是指刮刀的刀面与印刷面 PCB 板之间的夹角。夹角过大或过小，都会影响焊锡膏流入钢网孔与 PCB 板焊盘的情况，会直接影响印刷质量。刮刀倾角一般为 45°～70°。

（2）刮刀运行的速度

在印刷期间，刮刀在印刷模板上的行进速度是很重要的，因为锡膏需要时间来滚动和流入模孔内。如果运行速度太快，即时间太短，那么在刮刀的行进方向上，锡膏在焊盘上将产生凹凸不平的情况。印刷速度一般为 15～25mm/s，进行高精度印刷时（元器件引脚间距≤0.5mm），印刷速度为 20～30mm/s 较合适。

（3）刮刀的压力

刮刀的压力是指印刷时，动力装置（一般为气压）通过刮刀头部，对刮刀产生的压力，有时又叫印刷压力。印刷压力不足时，不但会引起钢网上的焊锡膏刮不干净，还会使漏进钢网孔的焊锡膏减少，引起 PCB 板焊盘上的锡膏量减少。印刷压力过大时，又会引起钢网底部渗漏锡膏，刮刀还会将沉入钢网上较大的孔内的锡膏挖出来。

调整刮刀压力的经验方法是，依据刮刀的长度来确定刮刀的压力。为了得到正确的压力，开始时在每 50mm 的刮刀长度上施加 1kg 压力。例如，300mm 的刮刀施加 6kg 的压力，逐步减少压力，直到出现锡膏开始留在钢网上刮不干净时，然后再增加 1kg 压力，即可作为正常工作的压力。对压缩空气动力的要求是 4～6kgf/cm$^2$。刮刀的长度越长，需要的压力越大。

IC 引脚间距、钢网开口的尺寸、钢网的厚度及印刷后锡膏的厚度关系应满足表 3-4 的要求。

表 3-4　锡膏厚度关系表

| IC 引脚间距/mm | | 0.8 | 0.65 | 0.5 | 0.4 |
|---|---|---|---|---|---|
| 开口尺寸/mm | 长 | 2.0～2.5 | 2.0～2.2 | 1.7～2.0 | 1.7 |
| | 宽 | 0.4±0.04 | 0.31±0.02 | 0.25±0.015 | 0.2±0.015 |
| 钢网厚度/mm | | 0.2 | 0.2 | 0.15 | 0.15 |
| 锡膏厚度/mm | | 0.17～0.2 | 0.17～0.2 | 0.13～0.15 | 0.12～0.15 |

（4）印刷的间隙

印刷的间隙是指钢网装夹之后，钢网与 PCB 板之间的距离。对接触式印刷方式而言，钢网与 PCB 板之间的距离为零，实际使用时，印刷钢网与印制板表面的间隙应控制在 0～1.0mm。若该间隙过大，则易引起印刷后的锡膏量偏大。

（5）分离速度

印刷完毕后，PCB 板与钢网应进行分离，分离时，钢网一般是固定不动的，让 PCB 板的工作台下降来进行分离。分离之后，将锡膏留在 PCB 板上而不是钢网的孔内，对于最细密钢网孔来说，锡膏容易粘附在钢网的孔壁上而不是在焊盘上。

钢网与印制板的脱离速度，即脱离时间的长短，会对印刷效果产生较大的影响。为了达到最佳的印刷效果，印刷完后，一般先延时一段时间后，才进行分离，并且开始时 PCB 分离较慢，工作台下落的头 2～3mm 行程内，速度可调慢，之后可加大分离速度。

分离速度的选择，应根据元器件引脚的间距来确定，推荐脱离速度见表 3-5。

表 3-5　推荐脱离速度

| 引脚间距/mm | ≤0.3 | 0.4～0.5 | 0.5～0.65 | ＞0.65 |
|---|---|---|---|---|
| 推荐速度/（mm/s） | 0.1～0.5 | 0.3～1.0 | 0.5～1.0 | 0.8～2.0 |

4. 印刷质量的检查

（1）常见的印刷缺陷

在印刷过程中，理想的效果是，锡膏与焊盘对齐、锡膏与焊盘尺寸及形状相符、锡膏表面光滑且不带有受扰区域或空穴。但在印刷时，由于各种因素的影响，容易产生印刷位置偏离、填充量不足、桥连、挖锡、玷污等问题，不同的印刷缺陷，是由不同的原因引起的。

（2）印刷质量的检查标准

焊盘上单位面积上的锡膏量应为 $0.8mg/mm^2$ 左右，对细间距元器件应为 $0.5mg/mm^2$ 左右。

过量的锡膏易延伸出焊盘，但锡膏覆盖面积小于焊盘面积的 2 倍，并且未与相邻焊盘接触。

锡膏覆盖每个焊盘的面积要大于 75%。

错位不能大于 0.2mm（对于细间距焊盘，错位不得大于 0.1mm），且不能与相邻焊盘接触。

印刷后应无严重塌陷、拉尖，边缘整齐，基板不能被锡膏污染。

常见的印刷缺陷如图 3-8 所示。

（3）印刷不良的原因

1）印刷位置偏移的原因。由于钢网孔的位置与 PCB 板的焊盘没有对准所致，易引起焊盘桥连，应检查钢网的制作情况和印刷机的机构。

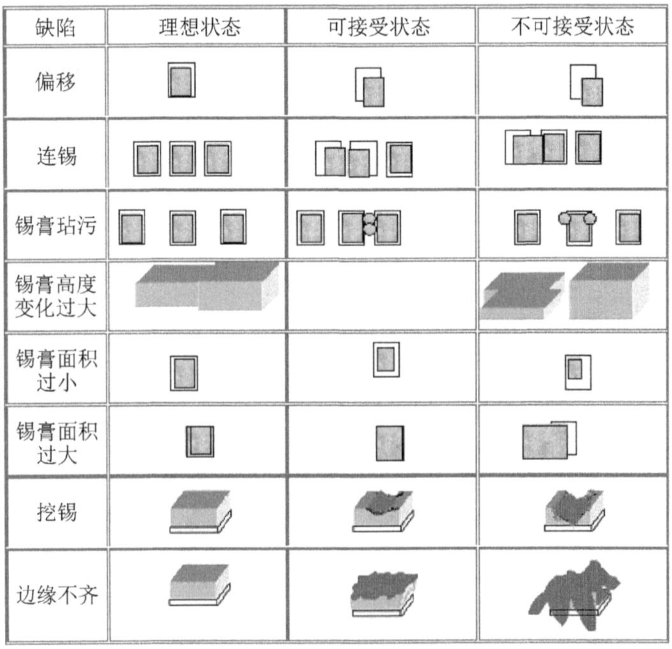

| 缺陷 | 理想状态 | 可接受状态 | 不可接受状态 |
|---|---|---|---|
| 偏移 | | | |
| 连锡 | | | |
| 锡膏玷污 | | | |
| 锡膏高度变化过大 | | | |
| 锡膏面积过小 | | | |
| 锡膏面积过大 | | | |
| 挖锡 | | | |
| 边缘不齐 | | | |

图 3-8　常见的印刷缺陷

2）填充量不足的原因。与印刷压力大小、刮刀的速度、分离速度、焊锡膏的质量等因素有关。

3）渗透的原因。焊锡膏渗透到焊盘周围，与印刷压力、印刷的间隙、焊锡膏的质量、钢网底部不干净等因素有关。应调整印刷机的参数，并对钢网进行清洗。

4）桥连的原因。桥连是指焊锡膏印刷在 PCB 板相邻的焊盘上。桥连现象与钢网孔的位置与 PCB 板的焊盘没有对准、印刷压力、印刷的间隙、钢网底部不干净等因素有关。应调整印刷机的参数，并对钢网进行清洗。

5）凹陷（挖锡）的原因。凹陷是指印刷之后，焊盘上焊锡膏的表面凹凸不平。凹陷现象与印刷压力过大、刮刀的刚性、钢网孔过大有关。应调整印刷压力或更换刮刀。

6）焊锡膏量太多的原因。焊锡膏太多与钢网孔过大、印刷间隙过大有关。应调整印刷间隙。

7）焊锡膏不均匀的原因。焊锡膏不均匀与钢网孔的质量、印刷次数过多而没有进行及时清洗、焊锡膏的质量不好有关。应清洗钢网和更换焊锡膏。

8）焊盘玷污的原因。与印刷次数过多而没有进行及时清洗、焊锡膏的质量不好等情况有关。应清洗钢网和更换焊锡膏。

# 3.4 全自动印刷机

目前市场上使用的全自动印刷机品种较多，使用方法也有差异，但其基本的结构和工作原理则是大同小异的，都能完成自动进 PCB 板、自动印刷、自动出板、自动清洗、自动对位、故障报警等功能。

常见的全自动印刷机如图 3-9 所示。

图 3-9　全自动印刷机

## 1. 自动清洗的工作原理

（1）清洗机构的结构图

目前使用的全自动印刷机，都带有自动清洗功能，一般每印刷完 15 块板之后，要自动清洗一次。自动清洗机构的结构如图 3-10 所示，实物如图 3-11 所示。

（2）进行清洗参数的设定

印刷机在进行清洗前，应在清洗的程序下，输入如下数据。

输入数据（1～1000）确定清洗的间隔，印刷到设定的数量后，开始清洗。

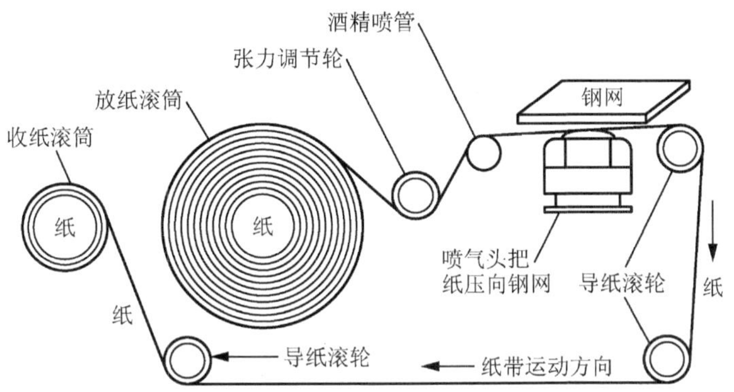


图 3-10　自动清洗机构的结构

图 3-11　自动清洗机构实物

预先设定钢网清洗的范围。

预先设定清洗的速度。

预先设定清洗时是否吹气及清洗时是否吸气（是否启动抽气泵）。

预先设定清洗时是否使用溶剂（酒精），设定喷出溶剂的速度。

预先设定擦纸的方式（可以选择只是去程时擦、只是回程时擦、去回程都擦）。应设定擦纸时纸的旋转速度。

（3）清洗工作原理

电动机同时带动收纸滚筒、放纸滚筒在转动，通过导轨使整个清洗机构在运动。去程时酒精先喷在纸上，让纸带有酒精，带有酒精的纸从钢网的底部擦过，一个纸筒放纸，另一个纸筒收纸。回程时，酒精也先喷在纸上，让纸带有酒精，带有酒精的纸也从钢网的底部擦过，同时喷气头有高压气体喷出，吹向钢网的底部，把钢网底部残存的焊锡膏吹干净。去程与回程时用纸量分别约 0.5m，整个清洗过程用纸量约 1m。

一般每印刷 15 块板时，需清洗一次，纸可以正反面使用，正面洗完一次后，把收纸、放纸的纸筒交换位置安装，即可再用一次反面。

2. 印刷机的工作过程

全自动印刷机整机的工作过程是，装有 PCB 板的托架进入印刷机，PCB 板的托架被支架夹牢，支架上升约 5cm，支架整体前移，自动照相机对 PCB 板的 MARK 点与钢网的 MARK 点（图 3-12）进行对位，照相完毕，照相机回位，支架上移，让 PCB 板紧贴钢网的底部，刮刀开始印刷，印刷完毕，支架下移，照相机对印刷后的 PCB 板进行照相，若印刷有偏移，会发出报警声，若印刷正确，则无报警声，照相机回位，支架回位，PCB 板的托架从印刷机中出来，完成印刷过程。

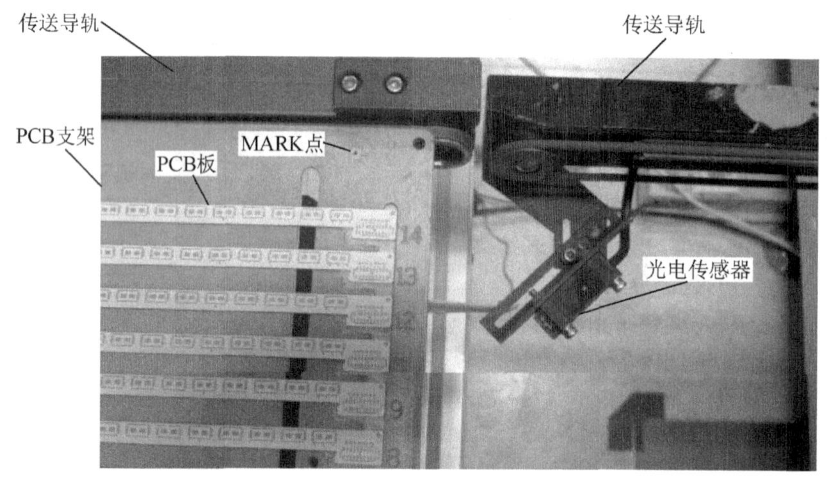


图 3-12　MARK 点位置图

3. 印刷机工作时参数的设定问题

在印刷机开始印刷之前，要对其进行调整，以及输入相应的参数，印刷机才能正常工作。主要应调整的项目和应输入的参数如下。

（1）轨道位置的调整问题

对运送 PCB 板托架的轨道的宽度进行调整，以适应不同的 PCB 板的托架使用。调整 PCB 板托架的停止位置，以适应长度不同的 PCB 板使用。PCB 板的规格长宽在 50mm×50mm～400mm×560mm，厚度在 0.35～5mm，印刷机都可以进行印刷。支架的上下位置应进行调整，即钢网与 PCB 板之间的印刷间隙要进行调整。

（2）参数的设定问题

印刷机生产前，应预先输入印刷压力等数据，输入 PCB 板的尺寸、输入钢网 MARK 的数据，输入焊锡膏的数据（如印刷的厚度等），调整锁定钢网的位置，调整印刷的间隙，调整工作台 $Y$ 轴方向移动的速度，调整刮刀移动的速度，调整施加在刮刀上的工作气体的压力，应输入刮刀下降的高度、刮刀起止范围和刮刀停留时间等参数。

（3）可视照相功能的设定问题

可视功能是印刷机的重要功能，印刷机生产前，应选择是否使用照相机来进行对焦。

应设定照相机搜索 MARK 点的个数，一般搜索 3～5 个 MARK 点即可满足精度的要求，太多则占用的时间过长，影响生产的速度。可以调整照相用的照明灯的亮度。可以设定照相机移动的速度和工作台误差的修正量，当照相结果有误差时，工作台会自动在 *X*、*Y* 轴方向做适量的移动，还会自动做适量的旋转运动。应设定印刷质量检查的参数，如 PCB 板焊盘上的焊锡膏的长、宽度进行检查的参数，检查相邻的焊盘有无粘连的参数，可以设定检查的频率，是否每块板都检查等，设定照相机每次检查前的等待时间。

4. 操作过程中的注意事项

1）在生产区，应始终戴好防静电工作帽，穿好防静电工作服，衣服必须系好扣子，佩带好上岗证。

2）工作时应始终带好防静电脚环。每班上班到岗前防静电脚环必须在防静电检测仪上检查一次，并在《防静电手环/脚环测试登记表》上填写好记录。

3）MPM 操作员必须戴好橡胶手套才能进行印刷机的操作，以防接触焊锡膏中的铅，并且保护 PCB 不被手上的油渍污染。

4）MPM 操作员应根据工作指南搅拌焊锡膏，并做开罐记录。

5）印刷之前，MPM 操作员必须检查待印的 PCB 基板有无质量问题，未经检查的 PCB 基板禁止印刷。

6）给钢网加焊锡膏时，焊锡膏应放置在钢网图案前后边缘向外距离大约 70mm 的地方，确保焊锡膏在整个丝网图案宽度上均匀分布，焊锡膏量应足够。

7）开始生产 30min 内由数据统计员抽检焊锡膏高度。当前后刮刀分别印刷 PCB 基板时，抽取前后刮刀印刷的 PCB 基板分别各 1 块，进行焊锡膏高度检测，当仅用前刮刀或后刮刀印刷 PCB 基板时，抽取前刮刀或后刮刀印刷的 PCB 基板两块，进行焊锡膏高度检测，当前后刮刀共印同一 PCB 基板时，抽取两块 PCB 基板进行焊锡膏高度检测。

8）印刷后，MPM 操作员必须检查每块 PCB 基板下列项目：焊锡膏在 PCB 焊盘上的覆盖率（有无偏移、少焊、多焊、搭焊）和焊锡膏图案的清晰度。擦掉印刷不合格的焊锡膏。MPM 操作员自己不能解决时，应及时通知 SMT 技术员解决。

9）在操作过程中应按《焊锡膏的使用》规范焊锡膏的使用操作。休息、就餐或停机时间超过 30min 应把焊锡膏放回罐中，并清洁丝网。

10）任何时候擦拭钢网板时，必须使用无绒棉布，禁止太大的力压在钢网上。

## 练 习 题

1. 什么是焊料？
2. 焊接电子产品时，对焊料有何要求？
3. 什么是无铅焊料？无铅焊料有何特点？
4. 焊锡膏有哪些特性？

5. 使用焊锡膏有哪些注意事项?
6. 钢网有何作用?
7. 简述焊锡膏印刷的原理。
8. 刮刀运行的参数有哪些？各参数设置范围分别是什么?
9. 操作印刷机有哪些注意事项?

# 第4章 贴片工艺技术

贴片机，又称“贴装机”、“表面贴装系统”（Surface Mount System）。在生产线中，它配置在点胶机或丝网印刷机之后，是通过移动贴装头，把表面贴装元器件准确地放置PCB焊盘上的一种设备。

## 4.1 贴装设备

SMC/SMD 贴装是 SMT 产品组装生产中的关键工序，一般采用贴片机自动进行，也可用手工辅助工具进行。随着 SMC/SMD 的不断微型化和引脚细间距化，以及栅格阵列芯片、倒桩芯片等焊点不可直观芯片的发展，采用自动贴装已是 SMT 产品组装生产发展的必然趋势。贴片机是 SMT 产品组装生产线中的核心设备，是决定 SMT 产品组装的自动化程度、组装精度和生产效率的决定性因素。

图 4-1 所示为一款西门子贴片机。

图 4-1　西门子贴片机

# 4.2 贴片机结构

SMT 贴片机是计算机控制集光、电、气及机械为一体的高精度自动化设备。以转盘式全自动贴片机为例，其组成部分主要有机体、元器件供料器、PCB 承载机构、贴片头、器件对中检测装置、驱动系统和计算机控制系统等。

机体用来安装和支撑贴装的各个部件，因此，它必须具有足够的刚性才能保证贴装精度。供料器是能容纳各种包装形式的元器件，并将元器件传送到取料部位的一种储料供料部件，元器件以编带、棒式、托盘或散装等包装形式放到相应的供料器上。PCB 贴装承载机构包括承载平台、磁性或真空支撑杆，用于定位和固定 PCB。定位固定方法有定位孔销钉、边沿接触定位杆及软件编程定位等。贴片头用于拾取和贴装 SMC/SMD。器件对中检测装置接触型的有机械夹爪，非接触型的有红外、激光及全视觉对中系统。驱动系统用于驱动贴片机构 *X-Y* 移动和贴片头的旋转等动作。计算机控制系统对贴装过程进行程序控制。

1. 贴片头的组成

以用于高速贴片的 12 段位器收集贴片头为例，如图 4-2 所示。12 段位器收集贴片头按照收集贴片原理进行工作。即在每个贴片循环中，12 个元件由贴片头拾取后，根据贴片位置进行光学对中，然后旋转至所需的贴片角度。通过吹气将这些元件轻柔准确地放在 PCB 上。SIPLACE 收集贴片头上的 12 个吸嘴围绕水平轴旋转，直径越小，离心力越小。这样不仅节省空间，还极大地减少了在传送过程中元件滑落的危险，并且贴片速率与元器件大小无关。

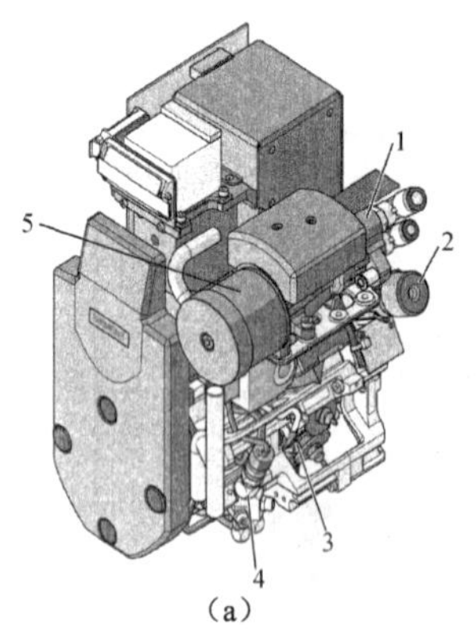

(a)

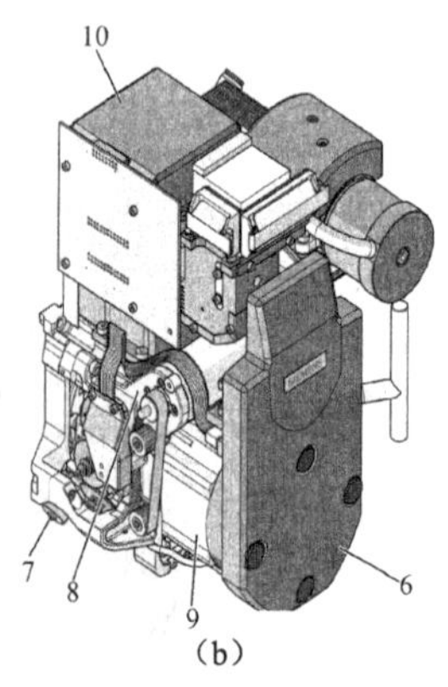

(b)

图 4-2　12 段位器收集贴片头

1—真空发生器；2—DP 电动机，DP 轴；3—带有 12 个段位器光栅盘；4—吹气压力阀；
5—C&P 元件照相机；6—中间分布器印制电路板（在盖子下面）；
7—星形轴-DR 电动机；8—*Z* 轴电动机的星形轴；9—阀调整驱动装置；10—消声器

## 2. 悬臂系统

悬臂系统用来承载贴装头组件，由 $X$ 轴和 $Y$ 轴两个功能轴构成，如图 4-3 所示。

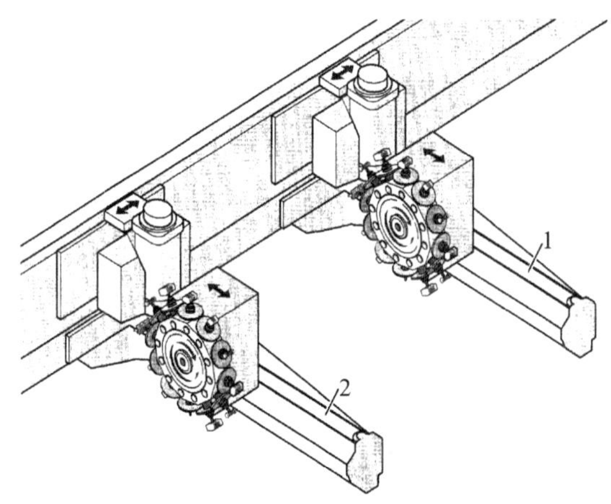


图 4-3　悬臂系统

1—悬臂 1；2—悬臂 2

（1）$X$ 轴的结构

$X$ 轴主要由以下主要组件构成，如图 4-4 所示。

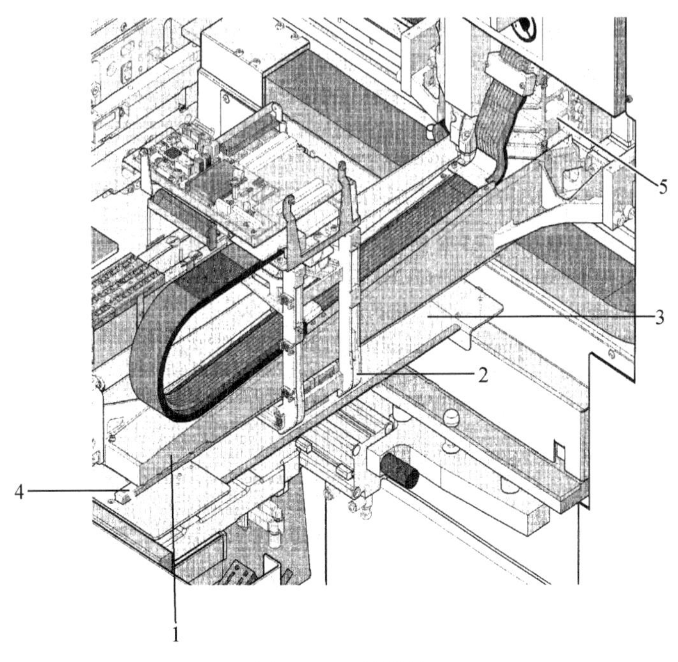


图 4-4　$X$ 轴结构

1—悬臂；2—贴片头座；3—线性测量系统；4—$X$ 轴导向系统；5—$X$ 轴三相交流伺服电动机

贴片头座装有以下元件：副悬臂照相机（用于 PCB 视像组件的照相机），贴片头控制板，用于 *X* 轴测量系统的测量头，收集贴片头（SIPLACE D2），收集贴片头和拾取贴片头（SIPLACE D1），*X* 轴的技术数据见表 4-1。

**表 4-1 *X* 轴的技术数据**

| 技术指标 | 参数 |
|---|---|
| 驱动装置 | 三相交流伺服电动机/齿形传动带 |
| 最大速度 | 2.5m/s |
| 移动行程 | 470mm |
| 距离测量系统 | 金属线性光栅尺 |
| 测量长度 | 520mm |
| 光栅尺长度 | 520mm |
| 分辨率 | 1μm |

（2）*Y* 轴的结构

*Y* 轴主要由以下主要组件构成，如图 4-5 所示。

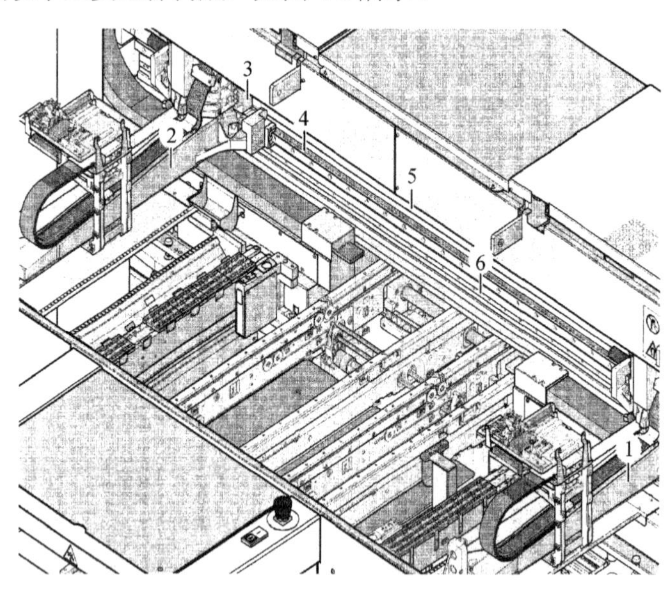


图 4-5 *Y* 轴结构

1—悬臂 1；2—悬臂 2；3—适配板；4—导向系统；5—永磁铁；6—测量系统

*Y* 轴由线性电动机驱动。驱动装置的次要部分由永磁铁构成，安装在贴片机机架上。初级部分用螺钉固定在悬臂（适配器）上。防撞电路防止悬臂的移动行程相交。

*Y* 轴的技术数据见表 4-2。

表 4-2　Y 轴的技术数据

| 技术指标 | 参数 |
|---|---|
| 驱动装置 | 直接，线性电动机 |
| 最大速度 | 2.5m/s |
| 悬臂的移动行程<br>悬臂 1：从贴片机的中心位置到料位 1<br>悬臂 2：从贴片机的中心位置到料位 2 | <br>+778mm<br>+677mm |
| 距离测量系统 | 金属线性光栅尺 |
| 光栅尺长度 | 1950mm |
| 分辨率 | 1μm |

（3）悬臂系统的工作原理

*X*-*Y* 运动机构的功能是驱动贴装头在 *X* 轴和 *Y* 轴两个方向做往复运动，使贴装头能够快速、准确、平稳地到达指定位置。

目前贴片机上的 *X*-*Y* 运动机构有几种不同的构成方式，分别是由滚珠丝杠+直线导轨传动的伺服电动机驱动方式；由同步齿形带＋直线导轨传动的伺服电动机驱动方式；直线电动机驱动方式。这几种驱动方式在结构上都是类似的，都需要直线导轨做导向，只是在传动方式存在差异。下面主要介绍由滚珠丝杠＋直线导轨传动的伺服电动机驱动方式。

图 4-6 所示为一个基本的贴片机 *X*-*Y* 运动机构，*X* 轴伺服电动机利用安装于横梁上的滚珠丝杠和直线导轨驱动贴装头在 *X* 轴方向运动，*Y* 轴伺服电动机利用安装于机架上的滚珠丝杠和直线导轨驱动整个横梁在 *Y* 轴方向运动。这两个运动结合在一起就形成了一个驱动贴装头在 *X*-*Y* 平面内高速运动的 *X*-*Y* 运动机构。

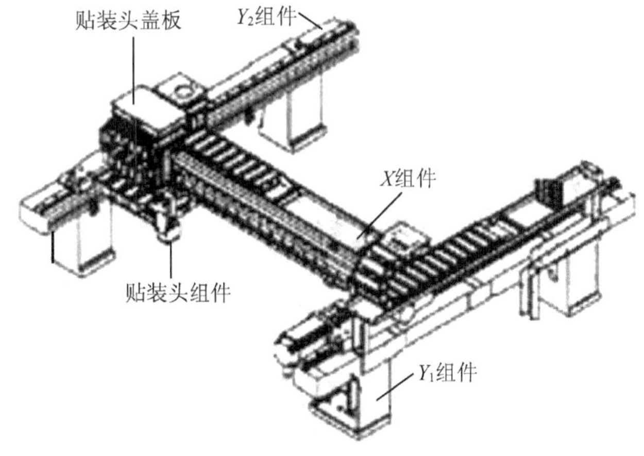


图 4-6　Samsung CP-45 单驱动运动机构

在 *Y* 轴方向，由于要驱动一个有一定长度的横梁，必然要把横梁的两端安装到固定的直线导轨上。两根导轨之间有一定的跨度，电动机及传动滚珠丝杠无法安装在两根导轨之间的正中位置，只能安装在靠近一侧导轨的内侧。这样，当贴装头的重量和横梁的跨度达到一个较大的值时，在远离电动机一端的导轨近处贴装头的移动会在 *Y* 轴滚珠丝杠与横梁的结合处产生一个很难平衡的角摆力矩，*Y* 轴的加减速和定位性能会受到较大的影响。为减轻此不利因素，现在很多贴片机在 *Y* 轴采用了双电动机驱动模式，两个电动机同步协调驱动横梁移动，提高了定位稳定性，减少了定位时间，从而提高了 *Y* 轴的速度和精度。

为了在单台贴片机上达到更高的贴片速度，现在的高速贴片机都采用了双横梁或双贴装头技术。

贴片机对速度和精度的要求很高。1 个贴装循环（就是贴片机完成 1 次取料贴片动作），包含贴装主轴吸取元件的时间、移动到静镜头的时间、静镜头摄像的时间、移动到贴装位置的时间、校正元件偏移的时间和贴装主轴贴装元件的时间，这所有时间的总和要达到 1～2s。当贴片机每个贴装头上的吸嘴数目较少（3 个以下）时，*X-Y* 运动机构驱动贴装头移动时间是影响贴装速度的关键因素。为了达到高速贴装的要求，*X*，*Y* 向要以 1.25m/s 或更高的速度运动，还要有较大的加速度（1*g*～2*g*），提速与制动的时间要尽量短。这样贴片机的运动部件就不能像数控机床那样做得非常坚固和笨重，而要像汽车和飞机那样尽可能的减轻高速运动部件的质量和惯量，达到足够的运动定位精度和尽可能高的加速性能，平衡两者以实现最佳惯量匹配。

### 3. PCB 传送导轨系统

贴片机装备了作为标准配置的 PCB 双传送导轨。PCB 传送导轨的左侧或右侧可以按需要作为固定边使用。

传送导轨的传送带由直流电动机驱动。用于夹紧 PCB 的升降台使其位于处理区域。PCB 传送导轨的宽度可以通过用户界面来调整，也可以在贴片程序中进行调整。

（1）弹性 PCB 双传送导轨的结构

弹性双传送导轨有两条传送轨道，它们在电气上和机械上是独立的，如图 4-7 所示。

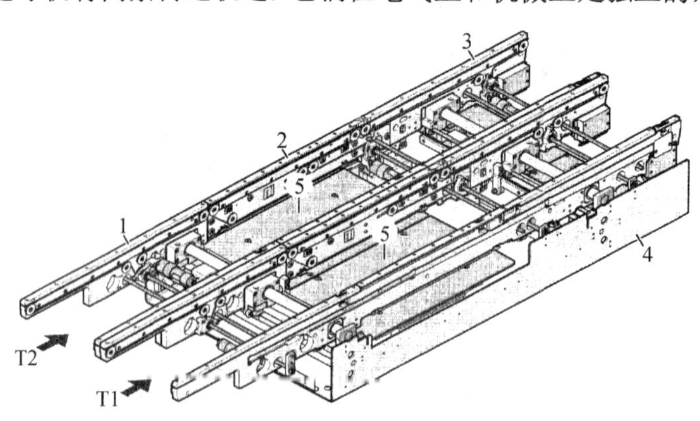


图 4-7　PCB 传送导轨

1—输入传送轨道；2—处理传送轨道；3—输出传送轨道；4—装配料盘；5—升降台；T1—传送轨道 1；T2—传送轨道 2

为便于贴片操作，PCB 从下部夹持。对于每个 PCB，其顶部到贴片头的距离保持不变，与 PCB 的厚度无关。因此，贴片速率不取决于 PCB 的厚度。PCB 基准点也可以优化。由于 PCB 表面到 PCB 照相机的距离不变，PCB 照相机始终对准 PCB 表面，清晰度始终不变。PCB 基准点轮廓以最优的方式映射到 PCB 照相机的 CCD 芯片上。

电路板传送导轨的宽度由集成控制电路设置并监控。要选用不同的宽度，需调用程序，由控制电路启动步进电动机，直至达到所需的宽度。因此，宽度调整不取决于其他贴片机元件。

由于贴片机的传送导轨高度可以更改，因此贴片机可以集成到传送高度为 830mm、900mm 或 950mm 的生产线中。

PCB 传送导轨之间的通信通过可选的 SMEMA 接口或西门子接口进行。

双传送导轨的固定传送侧可位于导轨的左侧或右侧。通过此传送导轨，固定侧可以方便地左右互换。

使用光学传感器对电路板传送导轨进行监控。印制电路板到达贴片区并通过光电传感器后停止。激光光障传感器用于确定印制电路板的位置，电路板一到达目标位置，传送带立即停止，印制电路板下部被夹紧。

（2）传送模式

弹性双传送导轨可用于同步传送和异步传送两种模式。如图 4-8 所示。

1）异步传送模式。在异步模式中，只有一条传送轨道上的 PCB 进行处理。同时，第二条传送轨道上的 PCB 移动到贴片位置。这样就节省了一个 PCB 的全部传送时间，从而大大提高了性能，对于循环时间较短的 PCB 尤其如此。

在整个贴片过程中，一旦贴片机接收到作业数据（面板、配置），送料带上的 PCB 就被持续传送到可用的处理带上（处理带需是空的）。当 PCB 移动到处理带上后，贴片程序就开始运行。PCB 是依次进行处理的。

如果贴片程序被中断，传送导轨接口将被禁用，正在处理带上进行的 PCB 的处理将完成。

2）同步传送模式。在同步传送模式中，两个尺寸相同的 PCB 同时被移至贴片位置，它们必须在共用面板上处理。采用这一模式，PCB 的顶部和底部可以在单个生产线上处理，传送 PCB 的时间也会缩短，这是因为两个 PCB 始终在同时传送。此外，这种模式还能够更好地利用吸嘴配置。

如在同步模式中操作双传送导轨，“PCB 生产线向下密传”选项被取消激活。在此模式中，不能执行 PCB 条形码操作。“Global bad fiducial（整个坏基准点）”选项不能使用。

（3）控制和宽度调节

1）使用 Single Functions（单项功能）菜单控制。联机帮助包括有关控制 PCB 双传送导轨和 Single Functions（单项功能）菜单的信息。

2）宽度自动调整。当接到命令时，传送导轨依次被设置成所需的宽度，它们的宽度可不同。

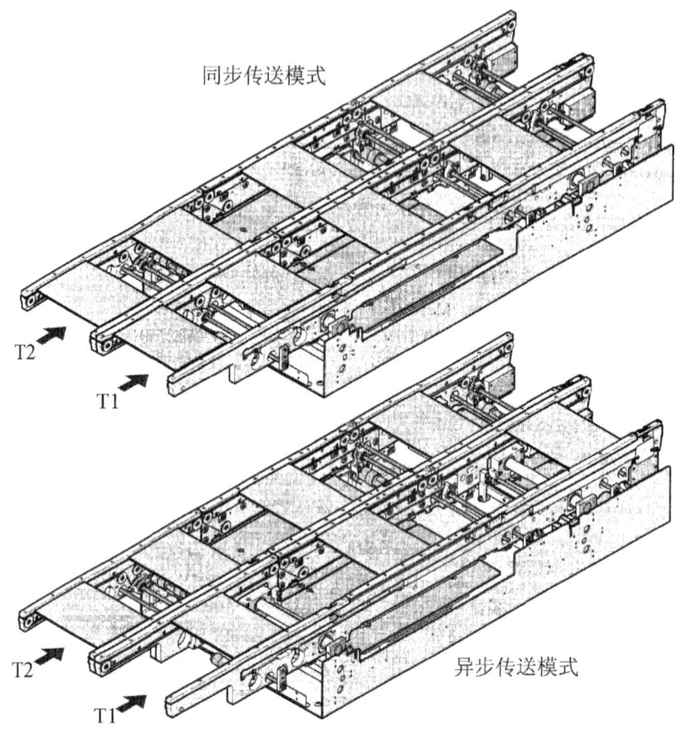


图 4-8　传送模式

4. 视像系统

高性能贴片机普遍采用视觉对中系统。视觉对中系统运用数字图像处理技术，当贴片头上的吸嘴吸取元件后，在移动到贴片位置的过程中，由固定在贴片头或机身某个位置上的照相机获取图像，并且通过影像探测元件的光密度分布，这些光密度以数字形式再经过照相机上许多细小精密的光敏元件组成的 CCD 光耦阵列，输出 0～255 级的灰度值。灰度值与光密度成正比，灰度值越大，则数字化图像越清晰。数字化信息经存储、编码、放大、整理和分析，将结果反馈到控制单元，并把处理结果输出到伺服系统中去调整补偿元件吸取的位置偏差，最后完成贴片操作。

机器通过对 PCB 上的基准点和元器件照相后，实现贴装位置自动矫正并实现精确贴装的过程是通过一系列坐标系之间的转换来定位元件的贴装目标的。通过贴装过程来阐述系统的工作原理。首先 PCB 通过传送装置被传输到固定位置并被夹板机构固定，贴片头移至 PCB 基准点上方，照相机对 PCB 上基准点照相。这时存在 4 个坐标系：基板坐标系（$X_p$，$Y_p$）、照相机坐标系（$X_{ca1}$，$Y_{cal}$）、图像坐标系（$X_I$，$Y_i$）和机器坐标系（$X_m$，$Y_m$）。对基准点照相完成后，机器将基板坐标系通过与照相机和图像坐标系的关联转换到机器坐标系中，这样目标贴装位置确定。然后贴片头拾取元件后移动到固定相机的位置，固定照相机对元件进行照相。这时同样存在 4 个坐标系：贴片头坐标系也是吸嘴坐标系（$X_n$，$Y_n$）、固定照相机坐标系（$X_{ca2}$，$Y_{ca2}$）、图像坐标系（$X_i$，$Y_i$）和机器坐标系（$X_m$，$Y_m$）。照相完成后，机器在图像坐标系中计算出元件特征的中心位置坐标，通过与照相机和图像坐标系的关联转换到机器坐标系中，此时在同一坐标系中比较元件中心坐标和吸嘴中心坐标。两个坐标的差异就是需要的位置偏差补偿值。然后根据同一坐标系中确定的目标贴装位置，机器控制单元和伺服系统就可以控制机器进行精确贴装了。

（1）元件视像组件的作用

1）确定元件在吸嘴处的精确位置。

2）确定元件封装形式的几何形状。

（2）PCB 视像组件的作用

使用 PCB 上的基准点来确定 PCB 的位置、PCB 的转角和 PCB 的偏移。PCB 照相机可以安装到悬臂的底部位置。通过使用供料器组件上的基准点，可精确测定元件拾取位置，这对于小型元件至关重要。图 4-9 为 D1 贴片机静止元件照相机的装配位置。

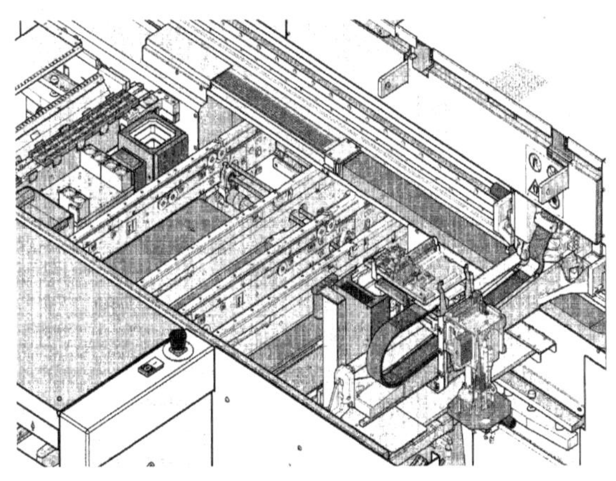

图 4-9　D1 贴片机静止元件照相机装配位置

（3）C&P 元件照相机

1）C&P 元件照相机结构如图 4-10 所示。

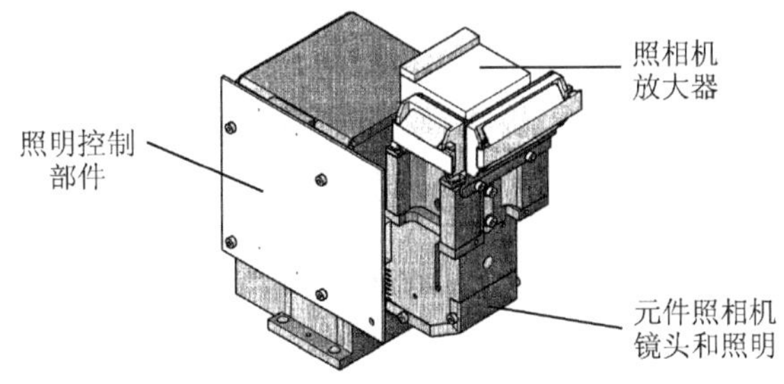


图 4-10　C&P 元件照相机

2）C&P 元件照相机技术参数见表 4-3。

表 4-3　C&P 元件照相机技术参数

| 技术指标 | 参数 |
|---|---|
| 元件尺寸 | 0.3mm×0.3mm～18.7mm×18.7mm |
| 元件范围 | 0.2mm×0.1mm～27mm×27mm<br>PLCC、SO、QFP、TSDP、SOT、MELF、CHIP、IC BGA |
| 最小引脚间距 | 0.3mm |
| 最小引脚宽度 | 0.15mm |
| 最小球面间距 | 元件＜18mm×18mm 时为 0.25mm<br>元件≥18mm×18mm 时为 0.35mm |
| 最小球面引脚直径 | 元件＜18mm×18mm 时为 0.14mm<br>元件≥18mm×18mm 时为 0.2mm |
| 视场 | 32mm×32mm |
| 照明方法 | 前方照明（5 级，可按需要编程） |

（4）静止 P&P 元件照相机

1）静止 P&P 元件照相机的结构如图 4-11 所示。

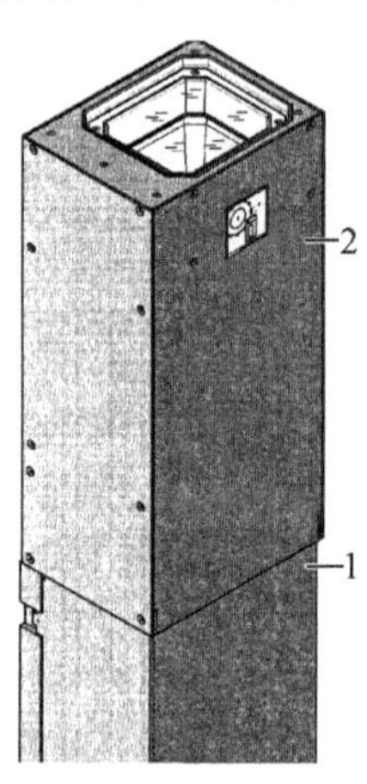


图 4-11　静止 P&P 元件照相机

1—带照相机和照相机放大器的照相机安装孔；2—玻璃板，在照明和镜头上方

2）技术参数见表 4-4。

表 4-4　技术参数

| 技术指标 | 参数 |
|---|---|
| 元件尺寸 | 0.8mm×0.8mm～32mm×32mm（单一测量） |
| 元件范围 | 0603、PLCC、SO、QFP、MELF、BGA、电解质电容器 |
| 最小引脚间距 | 0.4mm |

续表

| 技术指标 | 参数 |
| --- | --- |
| 最小引脚宽度 | 0.24mm |
| 最小球面间距 | 0.56mm |
| 最小球面引脚直径 | 0.32mm |
| 视场 | 32mm×32mm |
| 照明方法 | 前方照明（5 级，可按需要编程） |

（5）PCB 照相机

1）PCB 照相机的结构如图 4-12 所示。

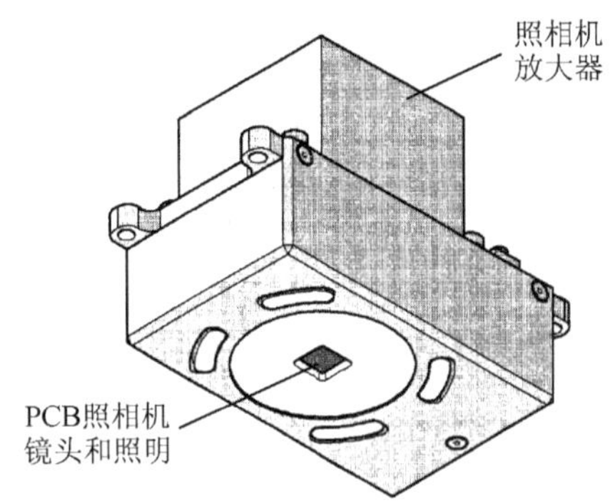


图 4-12　PCB 照相机

2）技术参数见表 4-5。

**表 4-5　技术参数**

| 技术指标 | 参数 |
| --- | --- |
| PCB 基准点 | 最多 3 个（子面板和多面板）<br>最多 6 个（长印制电路板选项）（可选的 PCB 基准点是最优输出） |
| 局部基准点 | 每个 PCB 最多 2 个（类型可能不同） |
| 料库存储器 | 每个子面板最多 255 种基准点类型 |
| 图像分析 | 基于灰度值的边缘检测方法（异常部件） |
| 照明方法 | 前方照明（3 级，可按需要编程） |
| 每个基准点/坏的基准点检测时间 | 20～200ms |
| 视场 | 5.78mm×5.78mm |
| 聚集板距离 | 28mm |

5. 供料器组件

SMT 贴片机是通过指令到指定的位置拾取供料器中元器件，由于不同种类贴装元器件采用不同的包装，不同的包装则需要相应的供料器。

（1）元器件的包装形式

元器件的包装形式有带装（Tape）、管装（Stick）、托盘（Tray）和散装（Bulk）。

（2）供料器的类型

常见的供料器的结构如图 4-13 所示。

1）带装供料器（Tape Feeder）。带装零件供料器依料带的宽度可分为 8mm/12mm/16mm/24mm/32mm/44mm/56mm 等种类，12mm 以上的送料器除 32mm-edh 外输送间距可根据元件情况进行调整，如图 4-13 所示。

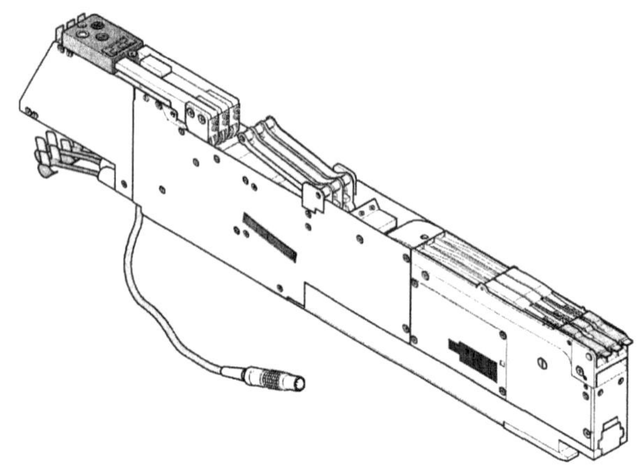

图 4-13　用于 0201/0402 元件的 3×8mm S 供料器组件

2）管装供料器（Stick Feeder）。主要有高速管装供料器（High-Speed Stick Feeder）、高精度多重管装供料器（High-Precision Multi-Stick Feeder）和高速层式管装供料器（High-Speed Stack Stick Feeder）。

3）托盘供料器（Tray Feeder）。主要有手动换盘式（Manual Tray Feeder）供料器、自动换盘式供料器（Auto Tray Stacker ATS27A）和自动换盘拾取式供料器（YTF31A Pick & Place Tray Feeder）。

4）散装供料器（Bulk Feeder）目前较少使用。

（3）供料器的安装及注意事项

1）安装供料器组件。供料器的安装示意图如图 4-14 所示。

① 备制元件料台和 S 供料器组件，准备安装。在此过程中，要清洗供料器的接触表面和元件料台的表面，并用带适合吸嘴的吸尘器或毛刷清除元件料台上的松散元件。

② 插入 S 供料器组件。首先，将供料器的前部，即带槽支架的侧面，插入到元件料台，以便元件料台上的中销滑到供料器组件支架的槽中，元件料台上有 15 个位置用于放置 S 供料器组件。

③ 降低供料器组件的后部，直至对中球完全进入供料器组件的孔里。

④ 确保供料器在元器件供料器料台上的位置与其宽度相适应。

⑤ 用手指敲击供料器组件的侧面，检测供料器组件是否已牢固就位在元件供料器上。

⑥ 将供料器组件插头插在其所在位置底部的插座中，插头上的红点必须对准插座上的红点。

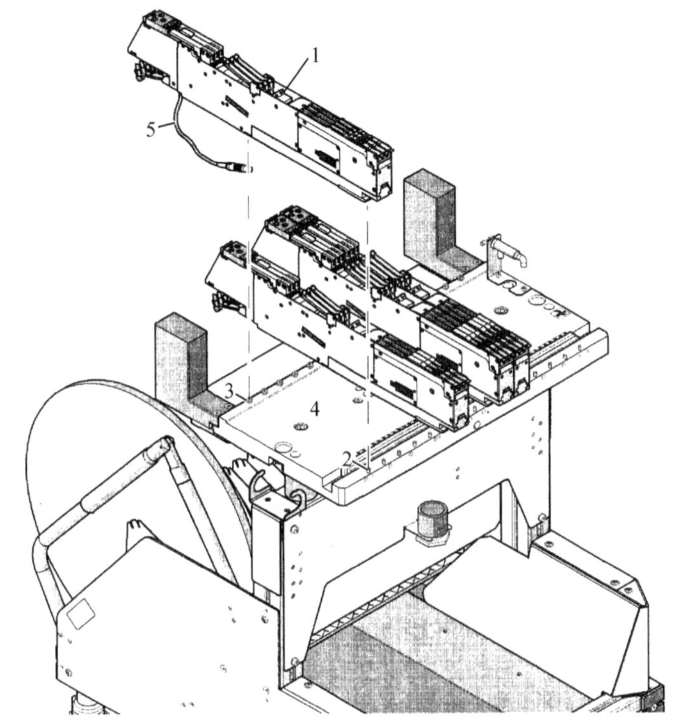


图 4-14　供料器的安装图

1—S 供料器组件；2—对中销；3—对中球；4—元件料台；5—S 供料器组件连接电缆

2）带装供料器的安装和注意事项如下。

带装料件装载步骤如下。

① 根据料带宽度确定所用带装供料器的类型。

② 检查该供料器是否粘附杂物、有无异常，有则排除。

③ 按正确的胶带盖带安装路线来装料。

④ 检查拾料位置和供料问题是否跟料带相符。

⑤ 手动操作检查是否供料正常。

⑥ 安装到供料平台上。

注意事项如下。

① 将料带盘装到带装供料器前应确保带装供料器的机械部分没有粘附电子元件或碎屑。

② 牢固地将供料器固定在供料平台上，确保导杆牢固地卡在供料平台上，否则可能发生振动。

3）管装供料器的安装和注意事项如下。

将定位针和带供气孔的定位梢对准供料平台的定位孔进行定位安装，移动夹紧手柄可以从供料平台上拆下管装供料器。

注意事项如下。

① 在供料平台上安装时，应确保供料器安装编号与定位针位置对应。

② 机器主电源的总电源开，手动操作供给气源 $n$ 次，确认其动作是否平稳。

③ 将管装供料器装到供料平台前，确保无电子元件或杂物粘附在平台上。

④ 管装供料器以大冲程垂直移动，易引起戳到眼睛或碰到手等伤害，为安全着想，将转换开关放在底部。

4）托盘供料器的安装和注意事项。

① 托盘设置的步骤为：放松螺钉→托盘固定→托盘安装→锁紧托盘夹具上的螺钉。

② 托盘安装固定，YTF31A 最多有 31 个设置，在载台上装载间距为 10mm，如果托盘超过 6mm，以 20mm 的间距装载，在同一个载架中装载的载盘间距不能改变。

③ 载盘的插入，当使用外设托盘转换器时，操作停止待其载架灯关闭时，打开载架安全门，安装载盘，插入载盘。

（4）元件供给部件的设置和转换

1）带装供料器在供料平台上的安装和拆卸。

2）盖带胶带与载带安装路线轨迹设定。

3）拾取位置，16～24mm 带装供料器和 32mm 凸胶型带装供料器有一条表明拾取位置的记号线，安装料带时使此线对准电子元件的中心，同时要确保载带上的供给孔和供料器棘轮齿轮的吻合。

4）操作的确认，在供料器上安装元件后确定其操作正确。将供料器安装在供料平台上，打开 FEEDER ON/OFF 屏幕，除 SHELL/M 外所有批示项中都有 4/MANNAL/FEEDER ON/OFF 选项，驱动供料器移动光标到供料平台的编号，然后按 ENTER 键。

（5）故障排除流程

产生拾取故障时，可按照图 4-15 所示的流程检查。

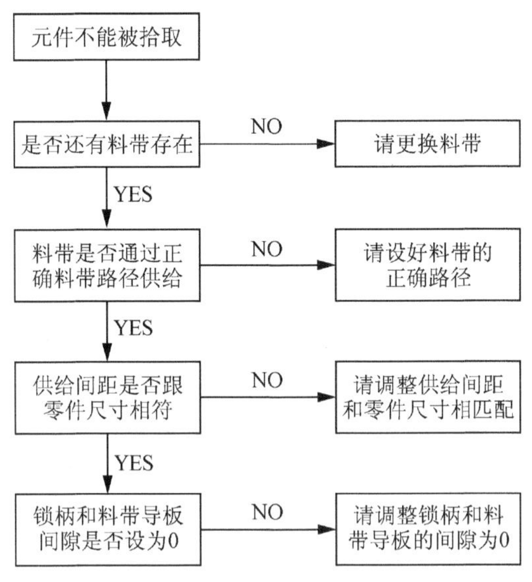


图 4-15　故障排除流程图

## 4.3 贴片机工作原理

SMT 是一项综合技术。贴片机是 SMT 生产线中的关键设备之一。贴片机是机、电、光及计算机控制技术的综合体。它通过吸取、位移、定位、放置等功能，实现了将 SMD 元件快速而准确地贴装到 PCB 板所指定的焊盘位置。贴片机种类繁多，下面以科亚迪贴片机为例进行介绍。

1. 贴装头

从电装机器人的概念来说，贴装头就是一只智能的机械手，它能按要求拾取元件并精确地贴放到预置的焊盘上。

（1）元件拾放

拾取元件一般是采用真空负压的吸嘴吸住元件，它结构简单便于维护，近年来这种产生负压的微型真空发生器组件已经成为多家公司的系列产品，专供贴装头的设计者选用。

在拾放的动作中，吸嘴做 $Z$ 方向的移动时，既要速度快，又要平稳。早期的吸嘴 $Z$ 方向移动是选用微型气缸完成的，在随后的使用中发现气缸易磨损，寿命短，噪声大。目前很多新机型都选用了机电一体化传动杆代替气缸，极大地提高了 $Z$ 方向运动综合性能。

（2）吸嘴

真空负压产生之后，吸嘴是直接接触 SMD 元件的零件的，吸嘴孔的大小与 SMD 元件的外形需相互匹配，因此每一台贴片机都有一套实用性很强的吸嘴。为了适应不同元件的贴装，贴片机还配有一个自动更换吸嘴的装置。吸嘴与吸管之间有一个弹性补偿的缓冲机构，保证在拾取过程对贴片元件的保护，提高元件的贴装率。

（3）气动电磁阀

贴装头的微型气动电磁是贴装头上又一个重要组件，它管理着移动和拾放等功能，随着贴片机的发展，集成电磁阀组亦有了相当大的发展，有些单个电磁阀厚度仅为 10～18mm。而且电磁铁驱动功率小，一般电路的驱动电平都可直接驱动。随着市场的不断发展，这些组件都能从市场上采购，给贴片机的设计开发提供了有利条件。

（4）元件的定位

贴装头的元件定位系统是保证贴片质量的一个重要环节，也是研究贴片技术的难点之一，当元件被吸住之后，就处于不稳定的悬浮状态。早期的技术用机械爪进行被动定位解决了这个问题。但机械制造中的各种误差，直接影响了元件的定位质量，特别是贴片速度提高时。机械的噪声，零件的磨损和精度等都限制了纯机械定位爪的进一步发展。

近年来，视觉系统的采样技术、伺服机构、计算机图像处理等进一步发展，已经改变了单纯用机械来解决定位问题的情况。而是采用非接触的红外、激光对中系统，并可在移动过程中对偏离值进行自动修正。

（5）元件的旋转

当吸嘴头吸持元件移动定位时，大部分元件都作一定量的回转运动。首先需要修正板上元件的安装轴线和元件在移动过程中轴线的角度，其次是修正送料器上元件与 PCB 板元件焊盘轴线的角度差。修正元件贴装角度偏差的机构，早期采用开环步进电动机控制，通过小型同步传动带进行回转操作，现在已被一些专用微电动机所代替，使机构的性能有很大的提高。为了提高贴片速度，贴装头都采用了多吸嘴的组合，并由计算机精密控制其操作程序。

### 2. 承载机构

PCB 板的承载机构由承载平台，真空支撑杆，PCB 板移动的传输带，固定位 PCB 板的定位销钉，反映定位状态的传感器和 PCB 板的压板组成，PCB 板在承载平台上传动平稳，定位准确。

贴片机和其他机械设备一样，有一个承载框架，以前常用金属型材和钢板等材料，通过焊接方法制造。随着贴片机速度和精度的提高，对框架基座的稳定性提出了更高的要求，近几年国外很多机型选用机床设备传统的铸件结构，由于我国的铸造技术较成熟，这一工艺又便于一般的小批量生产，可以满足贴片机的要求。

3. 贴片机 *X-Y* 坐标传动的伺服系统

贴片机 *X-Y* 坐标传动伺服系统有两种形式，一种是 PCB 板做 *X-Y* 方向的正交运动，另一种是由贴装头做 *X-Y* 坐标的平移运动，而 PCB 板仍定位在一定精度的承载平台上。这两种相对运动的方法都是为了使贴片元件能够被准确拾放到 PCB 板的焊盘上。

（1）*X-Y* 机构的有关参数

驱动 *X-Y* 二维运动构件的参数也是贴片机精度的关键，假如贴装头的直线移动速度为 1m/s，滚珠丝杆的导程为 20mm，那么当贴装头移动 1m，丝杆需要旋转 50r。伺服电动机的转速可达 3000r/min。伺服电动机的工作，实际是一组采样数据的控制系统，它由计算机直接控制，负责接收位移参数指令、采集位置传感器的反馈信号、计算机控制函数（即控制规律），以及产生数字形式的控制信号。数字形式的控制信号经过 D/A 转换和伺服放大后，驱动执行机构，使输出轴上的贴装头跟踪贴片元件在 PCB 板上的位置运动，从而组成数字闭环控制系统。

（2）*X-Y* 结构安装

*X-Y* 的二维运动都是在 *X*、*Y* 轴的导轨上进行。驱动的动力伺服电机都有很好的动态特性和位置精度，承载运动件的导轨是保证运动导向精度的关键零件。目前，大多采用精刻滚珠直线导轨，这种导轨摩擦系数小，精度高，寿命长，安装维护方便，便于标准化生产。

导轨安装时，要保证两导轨在空间平行，并保持工作面水平，导轨应直线性好，不能有扭弯等几何变形。在滚珠丝杆与伺服电动机联结处，有一个高精度、高性能的弹性联轴器，可以有效地消除安装过程中产生的不同轴、不同心等现象。

自问世以来，贴片机的控制都是由计算机解决，所以每种贴片机都有自己的一套操作软件。随着计算机技术的发展，Windows 操作平台上软件的编制和操作向高智能化、可视化发展，使得显视屏上的人机界面有很大的改进和创新，同时由于计算机辅助设计 CAD 技术的提高，CAD 软件版本不断升级，如 Protel 软件使贴片机的智能化水平得到很大的发展。

## 4.4 常见贴片缺陷

贴片质量的优劣，轻则影响产品的使用寿命，严重时则甚至会影响产品的功能。因此，熟悉常见的贴片缺陷，分析其形成原因，可以加强产品的品质控制。

常见的贴片缺陷一般有如下几种。

### 1. 漏元件（完全没有贴过的痕迹）

漏元件（完全没有贴过的痕迹，Missing Solder Paste Without Placed Footprint）的形成原因如下。

1）元件吸取位置偏，不稳定。可根据程序找出其贴装模组，从操作屏幕上查看元件的吸取状况，如果位置很偏则再查 Shape data- Process- Do auto offset 设置，对小于 30mm 的元件，建议设为“Yes”，对大于 30mm 的元件建议设为“No”。

2）飞达故障造成进料位置不准，更换飞达。

3）定位槽中有杂物，造成飞达安装不到位，取出检查。

4）真空过滤器太脏，更换或清洗。

5）真空不够，检查模组真空检测放大器的读数是否正常，参数是否设置正确。

6）针对某些较大或较重的元器件，需确认 transport speed（X，Y）是否合适。

### 2. 漏元件（有贴过的痕迹）

漏元件（有贴过的痕迹，Missing With Placed Footprinter）的形成原因如下。

1）吸嘴前端有粘性物，取下用酒精清洁。

2）没有支撑板或安装不利导致飞件。

### 3. 元件歪斜（元件有角度的倾斜 Skew In Q Direction）

1）元件厚度设置不对（大于实际厚度）。

2）吸嘴尺寸使用不当，选用适当尺寸的吸嘴。

3）H08/04 贴片头上工作轴（Syringe）上下活动不灵活，用 T&D 润滑。

4）元件数据中的 Q 角度公差设置过大。

5）吸嘴磨损或破损，取出用放大镜检查。可以借助报告“Director-Tool-Line report-Line monintor heand nozzle report”检查。

6）元器件旋转设置不对。需确认 transport speed（Q）是否合适。

7）吸嘴弹性不良，轻压触吸嘴前端检查，有些吸嘴弹性不良是由于其活动部位有脏物所致，有些是工作轴内的缓冲弹簧的问题。

8）元器件高度设置与实际不符，导致真空过早关闭。

9）没有支撑板或安装不好导致 PCB 不平。

10）H12/08/04/01 的 Q 或 R 轴机械活动不利。

#### 4. 元件移位（*X* 或 *Y* 方向平行移位）

元件移位（*X* 或 *Y* 方向平行移位，Misalignment along *X* or *Y* direction）的形成原因如下。

1）影像处理中心补偿错误，找对元件的中心位。

2）PD 中 *X*、*Y* 的公差过大。

3）PCB 拼板中小板间距不一致。

4）元件的坐标需要修正。

#### 5. 飞件（PCB 上有散落的其他零件）

飞件（PCB 上有散落的其他零件，Scattered Component）的形成原因如下。

1）支撑板的高度或安装有问题。

2）元件厚度设定不对。

3）锡膏黏性不佳。

#### 6. 元件翻面（Invert）

元件在料带内较松，进料过程中被振翻。针对此问题要提供证据和改善建议，提交给 CQE。临时措施可在物料改善之前，人为的在 FEEDER 取料位前贴一胶片来减少此问题，效果明显。

#### 7. 片式元件开裂（Mechanically Damaged）

1）元件厚度设定不对（小于实际值）。

2）吸嘴弹性不良，轻触吸嘴前端检查，有些吸嘴弹性不良是由于其活动部位有脏物所致，有些则是 H08/04 贴装头上工作轴的问题。

3）来料就已有破损。

#### 8. 元件侧立（Billboard）

1）元件数据中本体的尺寸公差设置过大，建议相对值小于 20%，绝对值不超过 2mm。

2）飞达故障，进料不准，更换飞达。

## 4.5 贴片工艺要求

为了确保贴装质量，各装配位号元器件的型号、标称值和极性等特征标记要符合装配图和明细表的要求，贴装好的元器件要完好无损，元器件焊端或引脚不小于1/2的厚度要浸入焊膏，元器件的端头或引脚均应与焊盘图形对齐、居中。由于再流焊时有自定位效应，因此元器件贴装位置允许有一定的偏差。

### 1. 贴装位置

元器件贴装位置要求准确，即元器件的端头或引脚均和焊盘图形对齐、居中，还要确保元件焊端接触焊膏图形。

（1）矩形片状元件

一般要求元件焊端全部位于焊盘上，但允许存在一定偏移，如图 4-16 所示。其中，图（a）表示元件焊端宽度的一半或一半以上处于焊盘上，为合格；图（b）表示元件焊端宽度小于一半处于焊盘时，为不合格；图（c）表示元件焊端与焊盘交叠后，焊盘伸出部分 $M$ 不小于焊端的 1/3，为合格；图（d）表示有旋转偏差，距离 $P\geqslant$ 元件宽度的一半，为合格，否则为不合格；图（e）表示元件焊端与焊盘不交叠，距离 $N\geqslant 0$，为不合格。

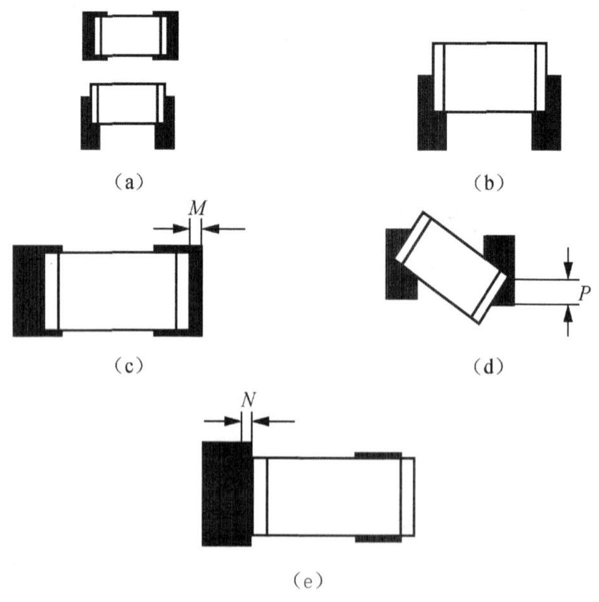


图 4-16 矩形片状元件贴装位置的检查

（2）小外形晶体管

具有少量短引线的元器件，如 SOT23，贴装时允许在 $X$ 或 $Y$ 方向及旋转上有偏移，但必须使引脚（含脚趾和脚根）全部处于焊盘上，如图 4-17 所示。其中，图（a）表示引脚全部处于焊盘上，对称居中为优良；图（b）表示有偏差，但引脚（含脚趾和跟部）全部处于焊盘上，为合格；图（c）表示引脚处于焊盘之外，为不合格；图（d）表示有旋转偏差，但引脚全部位于焊盘上，为合格；图（e）表示引脚有处于焊盘之外的部分，为不合格。

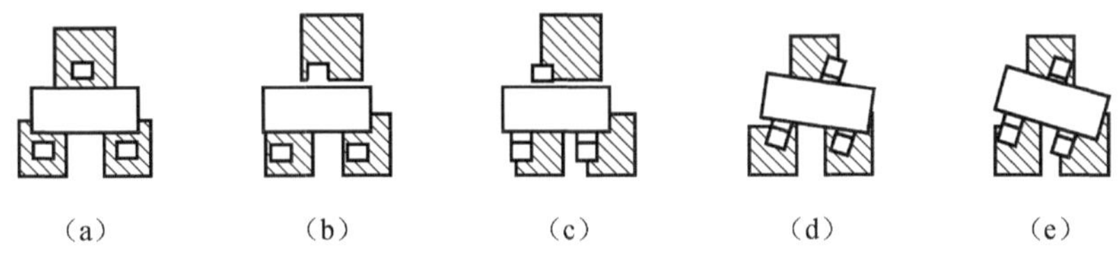


图 4-17　小外形晶体管贴装位置的检查

（3）小外形集成电路及网络电阻

允许较小的贴装偏移，但应保证使包括脚跟和脚趾在内的元器件引脚宽度的一半位于焊盘上，如图 4-18 所示。其中，图（a）表示元器件引脚及跟部全部位于焊盘上，所有引脚对称居中，为优良；图（b）表示 $P$≥引脚宽度的一半，引脚跟部和趾部全部位于焊盘上，为合格；图（c）表示 $P$＜引脚宽度的一半，趾部或跟部不在焊盘上，为不合格；图（d）表示有旋转偏差，$P$≥引脚宽度的一半为合格。图（e）表示有旋转偏差，$P$＜引脚宽度的一半为不合格。

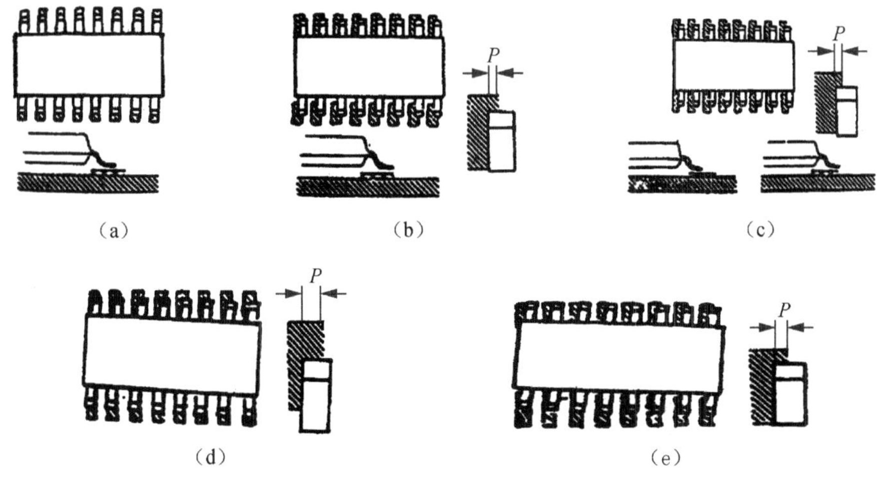


图 4-18　小外形集成电路及网络电阻贴装位置的检查

（4）四边扁平封装器件和超小型封装器件

只要能保证引脚宽度的一半处于焊盘上，允许这类器件有一较小的贴装偏移，如图 4-19 所示。其中，图（a）表示引脚与焊盘无偏移重叠，为优良；图（b）表示 $P\geqslant$引脚宽度的一半为合格，否则为不合格；图（c）表示有旋转偏差，$P\geqslant$引脚宽度的一半为合格，否则为不合格。

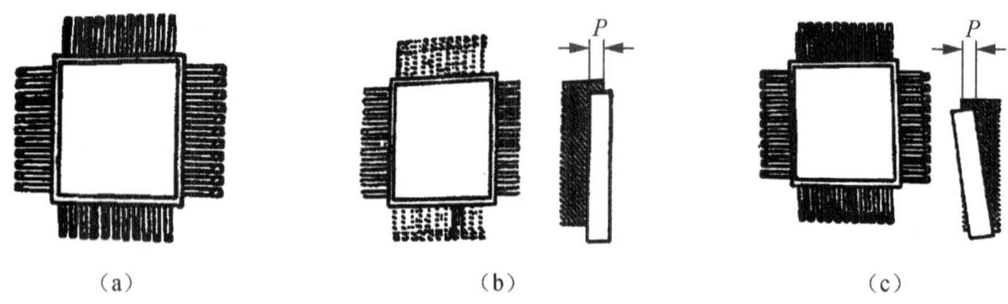


图 4-19　四边扁平封装器件贴装位置的检查

（5）塑封有引线芯片载体（PLCC）

允许有一小的贴装偏移，但引脚位于焊盘上的宽度应不小于引脚宽度的一半，如图 4-20 所示。其中，图（a）表示引脚与焊盘全部对应重叠，为优良；图（b）表示在 $X$ 或 $Y$ 方向有扩展，但尺寸大于或等于引脚宽度的一半为合格，否则为不合格；图（c）表示有旋转偏移，但尺寸 $P\geqslant$引脚宽度的一半，为合格，否则为不合格。

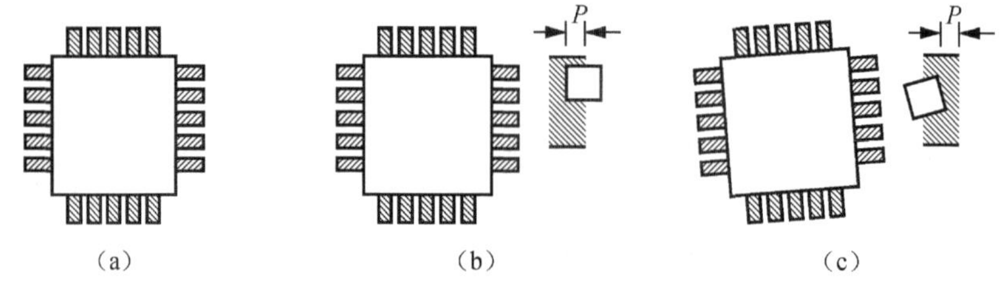


图 4-20　PLCC 贴装位置的检查

2. 贴装压力

对有引线的表面组装元器件，一般每根引线所能承受压力为 10～40Pa，引线压入焊膏中的深度应至少为引脚厚度的一半。对矩形片状阻容元件，一般压力为 450～1000Pa。贴片压力过小，元器件焊端或引脚浮在焊膏表面，焊膏粘不住元器件；贴片压力过大，焊膏挤出量过多，容易造成焊膏粘连和位置偏移等现象。

3. 焊膏挤出量

贴装时必须防止焊膏被挤出。可以采用调整贴装压力和限制焊膏的用量等方法。对普通元器件，一般要求焊盘之外挤出量（长度）应小于 0.2mm，对细间距元器件，挤出量（长度）应小于 0.1mm。

# 4.6 贴片机 SAMSUNG-SM321 操作指引

三星 SM321 贴片机具有元件识别范围广、固定图像系统与飞行图像系统结合使用的特点。元件贴装范围为 0603～42mm IC，包括 0.3mm 细间距 QFP 和 0.5mm 细间距 CSP。同时贴装头设计灵活，适合处理细间距元件，这一性能使贴装程序简单而高效，从而提高了工作效率及灵活性。

1. 整机外形图解

整机外形结构图，如图 4-21 所示。

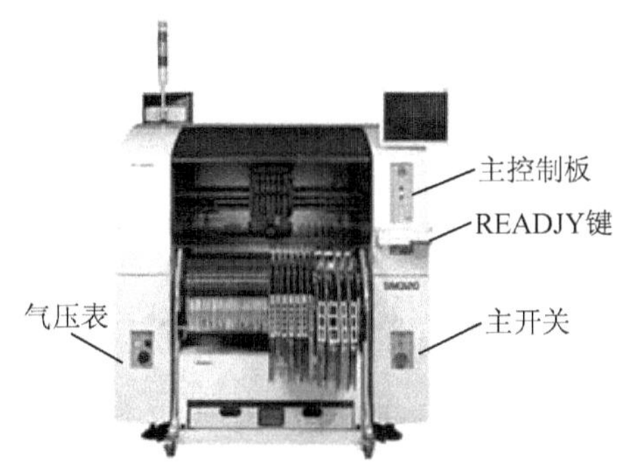


图 4-21　整机外形结构图

2. 操作步骤（Operation Procedure）

1）开机前检查。气压在 0.4～0.6MPa；电源开关在接通状态；紧急开关在释放状态；馈线（Feeder）是否安装在基座上，保证无翘起、无遗留物；检查运输轨道无遗留物。

2）开机。把机器右下方红色主电源开关顺时针旋转至“ON”处，机器会自动进入工作画面，接着打开主控制板上的“READY”键。

3）单击 Flie 菜单，再点 Open 点选所要生产的文件，如图 4-22 所示。

依次按 F5、F7、F2 键，最后按主控板上的 Ready 键开始生产，如图 4-23 所示。

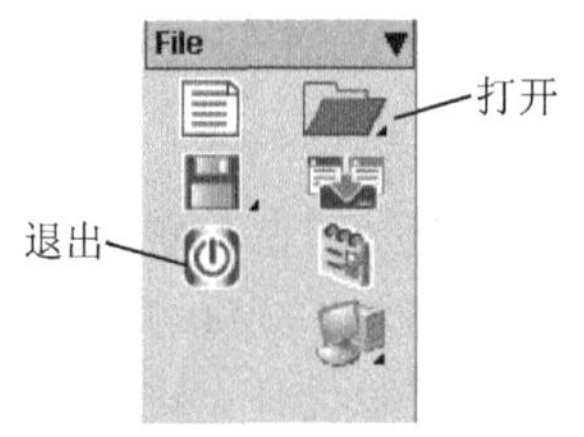

图 4-22　Flie 菜单

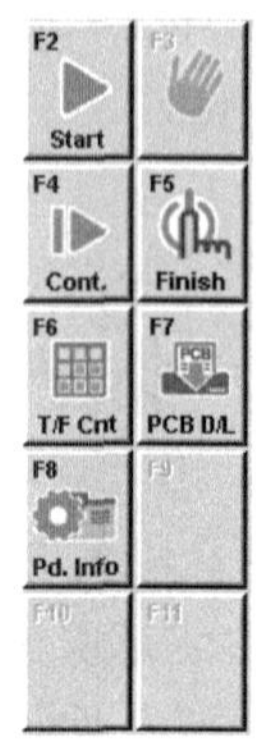


图 4-23　主控板上的 Ready 键

3. 关机

关闭所有显示窗口后，单击“File”菜单中的“EXIT”按钮，弹出对话框“EXIT FROM WINDOWS？”单击“YES”按钮，显示屏上显出“It’s now safe to turn off your computer.”，然后把机器右下方红色主电源开关旋至“OFF”切断机器电源。

## 4.7 贴片机设备的维护

贴片机的维护，通常包括日常维护、每周维护、每月维护、每两个月维护、每 4 个月维护和每年维护。在此重点介绍贴片机的日常维护和每月维护。

1. 日常维护

日常维护是为了维持机器性能，日常的检查和清洁工作非常重要。坚持日常维修保养，可以防患于未然，保证机器始终处于最佳工作状态。

每日进行清洁工作时需要准备一个废料仓、收集器和吸尘器。

当悬臂处于贴片位置上方时，按下第一个贴片机上的 STOP（停止）按钮。这样做可使其停在工作区域之外。

1）清空抛料仓。

① 取下抛料仓，并将其倒在收集箱内。

② 用吸尘器清洁抛料仓四周，并更换抛料仓。

③ 用吸尘器清洁收集贴片头的吸嘴交换器。具体过程如图 4-24 所示。

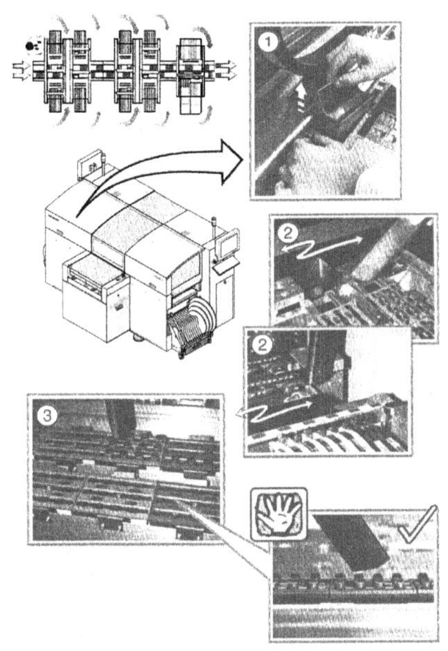

图 4-24　清空抛料仓

2）用吸尘器清洁供料器组件。

供料器组件之间至少应保持 1cm 的间隔，以防损坏元件罩。

① 使用吸尘器仔细清洁供料器区域。供料器区域中不应有松散元件。

② 把废料带容器从料车中拉出来。

③ 全部倒入废料仓中。

④ 用吸尘器清洁废料带容器四周，然后将其推回到料车中，具体过程如图 4-25 所示。

### 2. 每月维护

进行每月维护时，需要准备下列工具、设备和易耗品实验室手套、无纺步、擦镜头布、脱脂棉签、无水酒精、成套已清洁段位器光栅盘、已清洁的并微量润滑的成套阀门推杆及防止贴片头碰撞的开关。

1）更换段位器光栅盘及阀门推杆。

① 打开保护罩。

② 从贴片头上取下段位器光栅盘。

③ 将段位器光栅盘放在所提供的容器内。具体操作过程如图 4-26 所示。

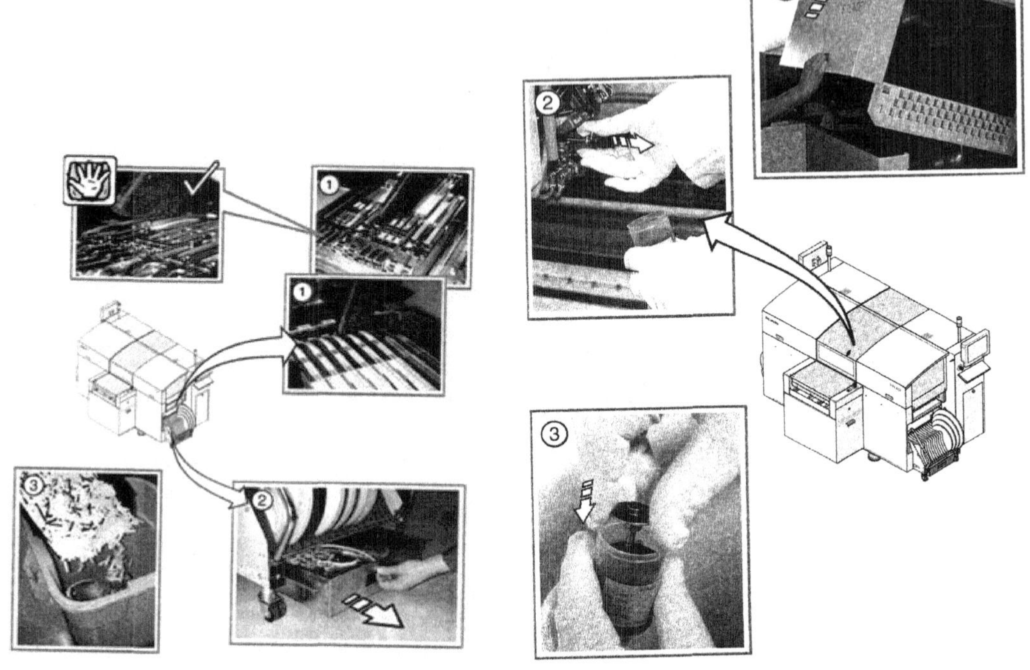

图 4-25　用吸尘器清洁供料器组件　　图 4-26　更换段位器光栅盘

④ 取下阀门推杆。

⑤ 用浸有无水酒精的脱脂棉签清洁阀通道。

⑥ 用浸有无水酒精的脱脂棉签清洁段位器。操作过程如图 4-27 所示。

2）清洁 $X$ 轴、$Y$ 轴的线性导轨。

① 用专用擦布将整个 $X$ 轴、$Y$ 轴的线性导轨彻底擦拭干净。

② 用无纺布清除线性导轨上难以清除的赃物。

③ 用专用擦布给线性导轨涂油，起到保护的作用。具体操作过程如图 4-28 所示。

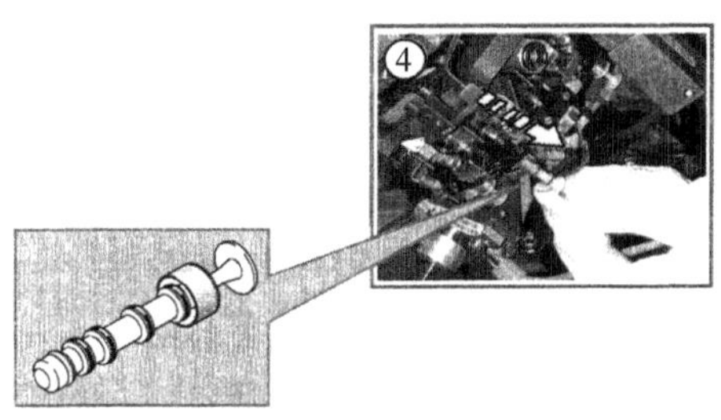

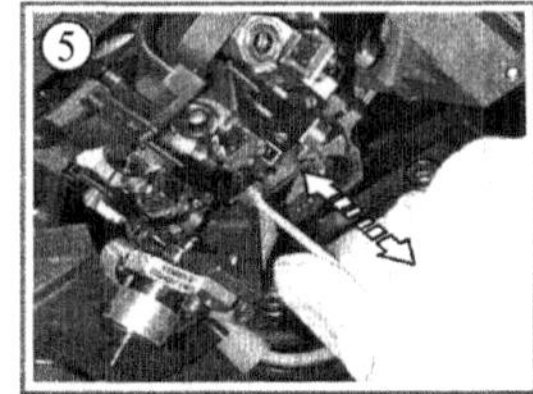

图 4-27　清洁段位器

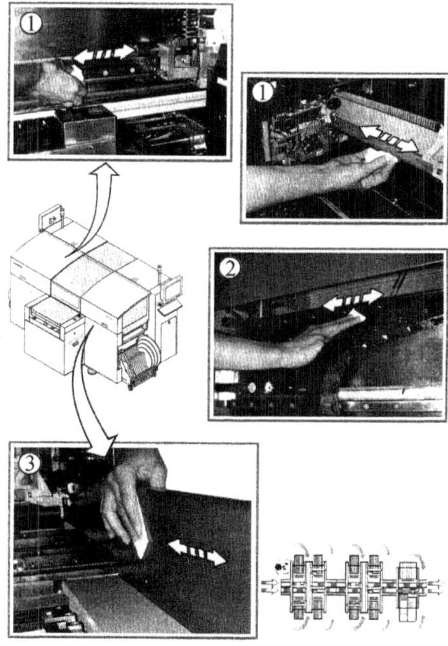

图 4-28　线性导轨涂油

## 练 习 题

1. 贴片机由哪几部分组成？
2. 贴装头由哪几部分组成？
3. 贴片机悬臂系统的工作原理是什么？
4. 贴片机双传送导轨的结构是怎样的？
5. 贴片机的视像系统有何作用？
6. 贴片机常见的贴片缺陷有哪些？
7. 贴片机日常维护的内容有哪些？
8. 贴片机每月维护的内容有哪些？

# 第5章 再流焊工艺技术

随着电子产品向智能化、微型化、多功能化方向不断发展，电子产品的 PCB 板、电子元器件也不断小型化。片状的贴片元器件，采用传统的焊接方法，已不能满足其生产技术的要求，再流焊技术便应运而生。再流焊，也称为回流焊（Reflow Solding）。回流焊技术主要用于焊接采用表面组装技术的电子元器件 PCB 板。

本章重点学习再流焊机的组成结构、加热系统与传动系统的工作原理、再流焊机的工艺技术、焊接缺陷分析、维护保养与故障排除等方面的内容。

## 5.1 电子产品焊接技术概述

电子产品自动化生产线上 PCB 板的焊接技术，经历了锡炉焊接、波峰焊焊接、再流焊焊接这三个发展阶段。锡炉焊接主要在生产小电子产品、规模较小的厂家中使用，波峰焊焊接主要在大中规模、插件式的电子产品生产厂家中使用，再流焊焊接主要在大规模、贴片器件为主的电子产品生产厂家中使用。

### 1. 锡炉焊接

采用锡炉来焊接 PCB 板，主要应用在规模较小的电子产品生产厂中。常见的锡炉如图 5-1 所示。

图 5-1　锡炉

（1）锡炉焊接工作原理

1）配制焊料。将锡条、松香水、天拿水和防氧化剂等材料按照一定比例放入锡炉中，给锡炉通电，按照要求设定温度，待混合物完全熔化、温度稳定后，测定其比重，使比重符合要求。

2）焊接 PCB 板。装接有电子元器件的 PCB 板，在自动装置的带动下，进入预热装置进行预热，PCB 板经过预热之后，运行至锡炉上方时，浸入锡炉中，停留 2～4s，然后再离开焊锡炉，PCB 板上的焊盘与电子元器件的引脚即被焊接好。

在焊接过程中，应把握好 PCB 板浸入焊料中的深度，浸入过深时，焊料会漫至 PCB 板背面的元件上，使电路板报废；浸入的深度不够时，则电子元器件会出现焊接不良的情况。

3）冷却 PCB 板。离开焊锡炉的 PCB 板，一般使用风扇进行冷却。

（2）锡炉焊接的参数要求

1）助焊剂的比重。TURBO 系列为（0.810±0.005）g/ml，A302 喷雾式为（0.815±0.005）g/ml，A302 发泡式为（0.825±0.005）g/ml。

2）预热温度。单面板为（90±10）℃，双面板和多层板为（120±10）℃。

3）焊锡温度。单面板为（250±5）℃，双面板和多层板为（245±5）℃。

4）焊接时间为 2～4s。

（3）使用锡炉点检要求

1）检测工具。使用锡炉时，应准备比重计和 DIP 仪，以便对锡炉内的焊锡质量进行检测。

2）焊接质量检查周期。主电路板每 2h 检查 2 块，小电路板每 2h 检查 4 块。

### 2. 波峰焊接

波峰焊接技术是在锡炉焊接技术的基础上发展起来的一种焊接技术，这种焊接技术适用于大批量、仅一面装接有电子元器件的 PCB 电路板，焊接质量可靠，生产效率高，在各种电子产品的生产中，得到了广泛的应用。常见的波峰焊机如图 5-2 所示。

图 5-2　波峰焊机

（1）波峰焊接工作原理

常见的波峰焊机焊接工作原理如图 5-3 所示。

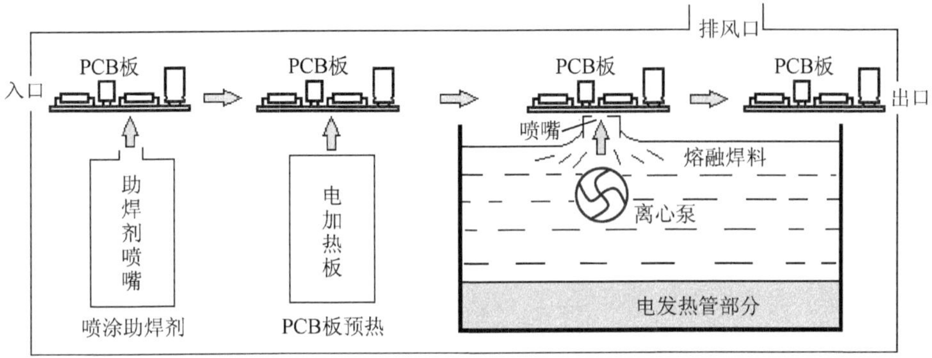


图 5-3 波峰焊接原理图

1）PCB 板喷涂助焊剂。喷涂助焊剂的目的是去掉 PCB 板上的各种污染物，使之易焊接。波峰焊锡炉的助焊剂喷涂方式一般分为发泡式和喷雾式两种。

2）PCB 板预加热。预加热的目的是防止 PCB 板在进行波峰焊接时，瞬间受热发生变形，同时去掉 PCB 板中的水分。

3）进行波峰焊接。把锡条、松香水、天拿水和防氧化剂等材料按一定比例放入锡炉中，给电发热管通电，混合材料加热后成为熔融状态的焊料。熔融状态的焊料在离心泵的作用下，从喷嘴中以恒定的速度涌出，形成波峰。经过预热之后，待焊接的 PCB 板在传动装置的带动下匀速通过喷嘴时，焊料涌向 PCB 板的焊盘，PCB 板便完成焊接过程。

焊接之后的 PCB 板，经过风扇冷却后，还要用旋转的、锋利的刀片，切割掉过长的元件引脚。

（2）波峰焊接参数要求

1）喷雾式波峰焊锡炉助焊剂的比重，要求每 4h 测量一次，而发泡式波峰焊锡炉的助焊剂比重，要求每 2h 测量一次。

2）助焊剂比重的测量，采用一般的液体比重计即可。将比重计插入助焊剂槽中的助焊剂里，使其吸入一定量的助焊剂后，直接读数。

3）一般将预热温度控制在 80～130℃。测量预热温度使用专用的 DIP 测试仪，模拟 PCB 在波峰焊锡炉中的运行情况来进行测量。

4）熔锡温度一般控制在 240～255℃较为适宜。测量熔锡温度时使用专用的 DIP 测试仪，在正常生产过程中测量。

5）焊接时间是指在波峰焊锡炉中运行的 PCB 底面上某一点接触熔锡的时间，焊接时间一般控制在 2～4s。

6）运输速度在 0.9～1.2m/min 时焊接板的质量最优。

（3）波峰焊接工艺要求

1）焊点要求。焊点饱满，有光泽，无大面积锡短、缺锡等不良现象。

2）锡炉中的锡使用一段时间后，其中铜的含量会增加，应定期进行除铜处理和焊锡的含铜量检测。一般除铜处理每 3 个月 1 次，含铜量检测每年 1 次，以确保锡炉中焊锡的含铜量控制在 0.3%以下。

3）锡炉除铜时应使锡炉温度下降到（183±5）℃，因为此温度为锡铜合金结晶点。打捞铜时，只要在锡锅的中上部打捞即可，不用将漏勺伸到锡锅的底部。

4）锡炉除铜时打捞出的锡铜合金应为很细的针状物。

进行除铜处理的原因是，由于元器件的引脚通常为铜质材料，在波峰焊接过程中，部分发生电解并与锡发生化学反应，形成锡铜合金。锡铜合金含量过高，会使焊料硬而脆，流动性差，严重影响焊接质量。

5）在工艺设计和入板检查时，应确保元器件不掉落，以避免引起炸锡或堵塞锡炉喷口，带来不必要的损失。

6）在进行锡炉的维护时，应确保机器已经停止运行，并注意避免工具及配件掉入锡炉卡死叶轮和堵塞喷口。

7）焊接大面积 PCB（如 330mm×330mm）时应在锡槽的适当位置加一个支撑杆，以防止 PCB 变形严重。

### 3. 再流焊焊接

再流焊技术首先应用在混合集成电路板组装中，组装焊接的元件多数为片状电容、片状电感，贴装型晶体管、二极管等。随着 SMT 整个技术发展的日趋完善，多种贴片元件（SMC）和贴装器件（SMD）的出现，作为贴装技术一部分的回流焊工艺技术及设备也得到相应的发展，其应用日趋广泛，几乎在所有电子产品领域都已得到应用。常见的再流焊机如图 5-4 所示。

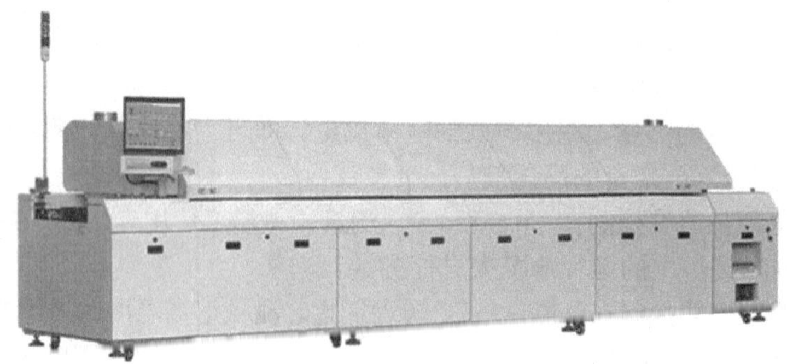

图 5-4　再流焊机

（1）再流焊焊接工作原理

采用再流焊技术焊接 PCB 电路板的原理是，空白的 PCB 板经过印刷机印刷焊锡膏、贴片机装贴电子元器件后，通过传送装置，进入再流焊机内部，经过以下四个阶段完成 PCB 板的焊接。

1）先进行预热处理。预热时，为防止热冲击对元件的损伤，通常设定温度的上升速率为 1～3℃/s。

2）进行保温处理。当预热温度上升到 120℃时，加热装置会在 120～170℃保温一段时间，整个保温时间为 60～120s。

3）进行回流焊接。保温时间结束后，温度快速上升，使焊锡熔化进行焊接。在回流段，其焊接峰值温度视所用焊膏的不同而有异，一般无铅焊接最高温度为 230～250℃，有铅焊接为 210～230℃。

4）进行冷却处理。焊锡完全熔化后，PCB 板进入冷却区降温，降温速率一般在 4℃/s 左右，冷却至 75℃即可。

（2）再流焊技术的特点

再流焊技术与波峰焊技术相比，有以下特点：

1）组装密度高、电子产品体积小、重量轻。贴片元件的体积和重量只有传统插装元件的 1/10 左右，一般采用 SMT 技术之后，电子产品体积可缩小 40%～60%，重量减轻 60%～80%。

2）可靠性高、抗振能力强、焊点缺陷率低。

3）高频特性好、减少了电磁和射频干扰。

4）易于实现自动化，提高生产效率。

5）节省材料、能源、设备、人力和时间等。

（3）波峰焊接与再流焊接的工艺区别

波峰焊接与再流焊接的工艺存在较大的区别，主要在以下两个方面。

1）贴片前的工艺不同，波峰焊使用贴片胶来固定电子元器件，再流焊使用焊锡膏来固定电子元器件。

2）贴片后的工艺不同，波峰焊接经过回流炉只是固化胶水，起到将元器件粘贴到 PCB 板的作用，还需经过波峰焊。再流焊经过回流炉起焊接作用。

（4）再流焊接技术的工艺流程

根据 PCB 板装贴工艺的不同，PCB 板的焊接工艺包括。

1）只有表面贴装的单面装配（单面贴装工艺）。

工序：丝印锡膏→贴装元件→回流焊接。

2）只有表面贴装的双面装配（双面贴装工艺）。

工序：丝印锡膏→贴装元件→回流焊接→反面→丝印锡膏→贴装元件→回流焊接。

3）一面采用表面贴装而另一面采用表面贴元件与穿孔元件混合的装配（双面混装工艺）。

工序 1：丝印锡膏（顶面）→贴装元件→回流焊接→反面→点胶（底面）→贴装元件→高温固化→反面→手插元件→波峰焊接。

工序 2：丝印锡膏（顶面）→贴装元件→回流焊接→机插件（顶面）→反面→点胶（底面）→贴片→高温固化→波峰焊接。

4）顶面采用穿孔元件，底面采用表面贴装元件的装配(双面混装工艺)。

工序 1：点胶→贴装元件→高温固化→反面→手插元件→波峰焊接。

工序 2：机插件→反面→点胶→贴片→高温固化→波峰焊接。

## 5.2 再流焊机的组成系统

再流焊机是完成 PCB 板焊接的关键设备，是一个结构较为复杂的自动控制设备。掌握再流焊机的结构与工作原理，对正确操作、维护和维修再流焊机有重要的意义。

### 1. 再流焊机的分类

再流焊机生产厂家较多，型号各异。如果按 PCB 加热方式分类，再流焊设备可分为两大类，如图 5-5 所示。

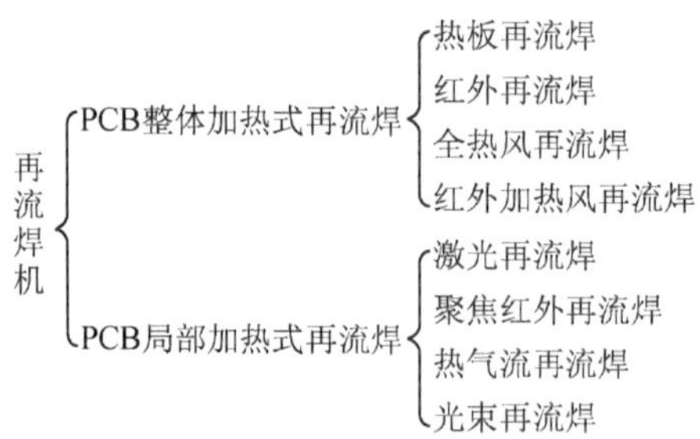


图 5-5　再流焊机的分类

其中，热板式再流焊是早期产品，目前已很少使用。红外加热风再流焊和全热风再流焊是目前比较流行的再流焊机，而全热风再流焊，是 SMT 焊接的主流设备。

局部加热式再流焊机，如激光再流焊、聚焦红外再流焊等，主要应用在军工企业中。

### 2. 再流焊机的组成结构

再流焊机的主体结构，可以理解成一个温度受到精密控制的电烤箱，只不过其烘烤的对象为装贴有电子元器件的 PCB 板。再流焊机内部呈隧道式结构，从 PCB 板入口至出口，被分为四个温区，分别为预热区、保温区、回流区和冷却区。各个区的温度不同，以满足 PCB 板的焊接要求。全热风对流式再流焊的加热装置，一般采用上、下两层的双加热结构。待焊接的 PCB 板在传动机构带动下，匀速进入炉膛，依次通过各温区，经过预热、保温、回流和冷却四个阶段，完成 PCB 板的焊接。

再流焊机的结构简图如图 5-6 所示。

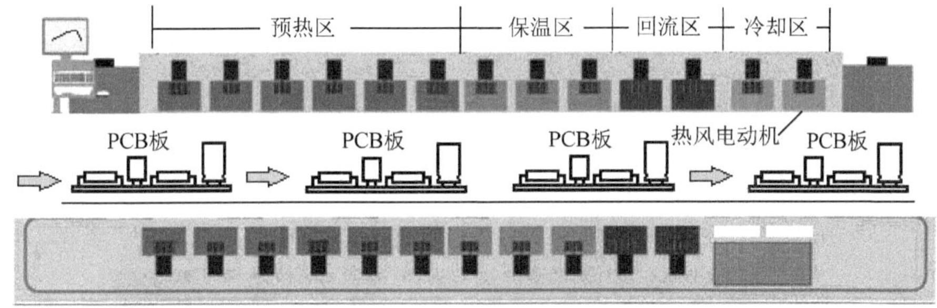


图 5-6　再流焊机结构简图

再流焊机主要由以下几部分组成：炉体、顶盖升起系统，加热系统，传送系统，热风加热温控系统，冷却系统，氮气系统，助焊剂回收系统和排气系统和控制系统等。各系统主要的作用如下。

（1）炉体、顶盖升起系统

为便于清洁和维修，再流焊机都设置有顶盖（上炉体）升起系统。顶盖升起系统的结构如图 5-7 所示。上炉体整体的开启由电动机完成，开启时，拨动上炉体升降开关，由专用电动机带动升降杆完成其上升或下降。上炉体在上升或下降过程中，机内的蜂鸣器会发出声音，提醒操作者注意安全。当上炉体到位后，触碰到上、下限位开关时，开启或关闭动作停止。顶盖升起系统的作用是便于维修维护及处理紧急故障。

图 5-7　顶盖升起系统

（2）冷却系统

冷却区处于再流焊机的尾端，其的主要作用是，对已完成焊接的 PCB 进行快速冷却，一方面是使焊点加快凝固，另一方面是让 PCB 板降温，方便操作者操作。空气炉采用风冷却方式，通过风扇吹入外部的空气进行冷却，而氮气炉则采用水冷却方式。若采用空气进行冷却，会使空气与氮气混合，破坏氮气隔绝空气、防止氧化的作用。

（3）氮气供应系统

为提高 PCB 板的焊接性能，再流焊设备一般使用惰性气体（主要是氮气）作为保护气体。PCB 板在预热区、保温区、回流区和冷却区的整个过程，都用氮气进行保护。高浓度的氮气，可隔断空气，防止焊点、铜箔在高温下氧化，增强焊料的可焊性，减少焊点内部的空洞，提高焊接质量。

图 5-8 为氮气供应系统的电磁阀、流量计和压力表部分。

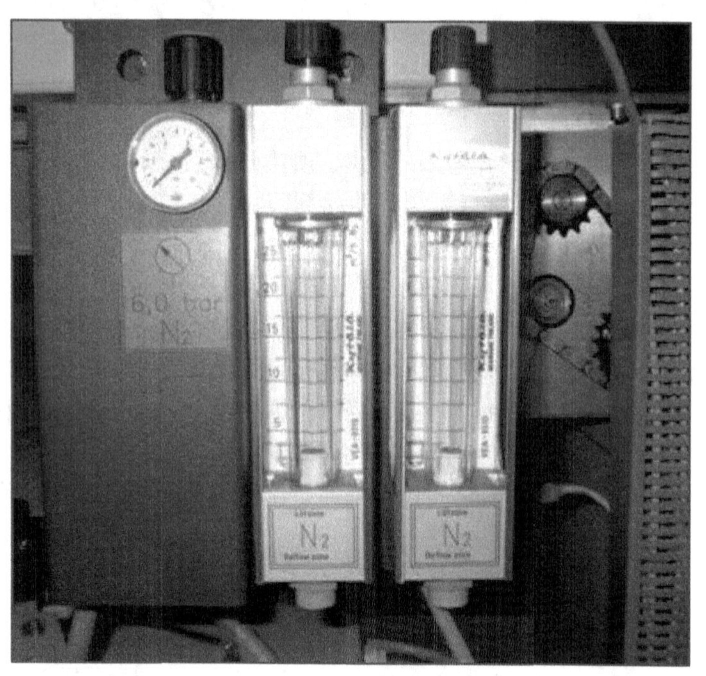


图 5-8　氮气供应系统

（4）排风系统

焊料中的助焊剂，在焊接过程中会熔化，挥发为气体，这种气体不能直接排入生产车间，否则，会导致严重的异味，甚至使人中毒。正确的处理方法是，先经过助焊剂回收系统进行回收，剩下少量的残余气体，通过外接风机，进行过滤、强制排风，废气经过过滤处理后，再排入大气中，保证工作环境空气清洁、减少废气对大气的污染。图 5-9 为再流焊机排风系统的安装位置图。

图 5-9　排风系统

（5）助焊剂回收系统

PCB 板在焊接过程中，助焊剂挥发产生的气体有回收价值。先进行回收处理，大部分的气体液化后可重新利用；残余的气体经过滤后，再排入大气中。

助焊剂回收的方法，通常采用冷却法。在产生助焊剂气体的位置，设置有回收系统，其结构类似中央空调。制冷压缩机先对水进行冷却，被冷却的水通过管道，送入产生助焊剂气体位置的蒸发器内，冷却水对助焊剂气体进行冷却，助焊剂气体液化成为液体，流回回收罐中。图 5-10 为助焊剂回收系统结构图。没有液化，剩余的助焊剂气体，通过排风系统进行处理，即通过放置于蒸发器上层的风机抽出，过滤后，排入大气中。

图 5-10　助焊剂回收系统

（6）控制系统

再流焊机的控制系统，是再流焊设备的重要组成部分。目前的再流焊设备，已经全部采用计算机与 PLC 联合的方式来实现各种功能的控制。图 5-11 为控制系统连接图。

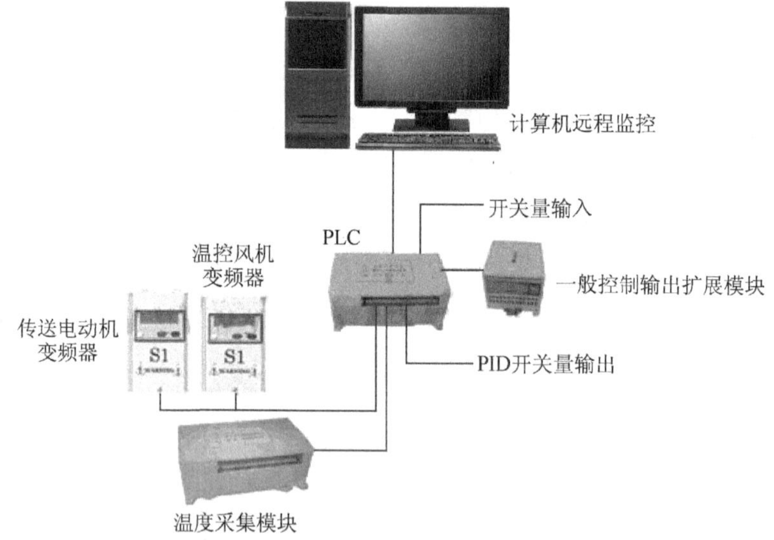


图 5-11　控制系统连接图

控制系统的主要作用，有以下几方面。

1）对炉内预热区、保温区、回流区和冷却区的温度进行精密控制。

2）对 PCB 板上温度的变化进行实时在线监测，并在屏幕上显示出来。

3）对传送系统中 PCB 板的运动速度进行实时在线监测，能对运动速度进行无级调速，并在屏幕上显示出来。

4）实时设置工作参数并修改设定的工作参数，方便生产各种要求的 PCB 板。

5）屏幕显示，并进行人机交互对话。

6）能自动诊断系统的故障，并用声、光进行报警提示。

（7）润滑系统

再流焊机一般都有自动润滑运动系统的功能。根据操作者设置的加油周期及加油时间，操作系统会自动控制电磁阀的开闭，实现该功能。

在生产过程中，如果出现传输链润滑不良的情况，应检查如下内容。

1）设置加油周期及加油时间，是否合理。

2）检查油杯出口是否堵塞。

3）电磁阀是否损坏。

（8）加热系统和传动系统

再流焊设备的组成，除了上述系统外，还有两个重要的系统，即加热系统和传动系统。这两部分会在后面的内容中进行详细介绍。

## 5.3 再流焊机的加热系统

电子产品的不断智能化与小型化，使得电子元器件的体积越来越小。为了能使不同颜色、体积的电子元器件能同时完成高质量的焊接，再流焊机生产厂家一直在不断地开发新的再流焊设备，通过改进加热器的分布位置和空气的循环流向，使之能进一步精确控制炉内各部分的温度分布，便于温度曲线的调节，以满足电子产品生产用户的需求。

全热风和红外加热方式的加热系统，是目前应用最广泛的再流焊加热方式。

在学习再流焊机加热系统的知识时，应重点了解加热系统的结构、温度控制原理和风速控制原理等方面的内容。

1. 全热风再流焊机的加热系统

（1）全热风再流焊机加热系统的结构

1）全热风再流焊机加热系统的组成。全热风再流焊机加热系统主要由热风电动机、电加热管、热电耦、固态继电器 SSR、温控模块和整流板等部分组成。组成结构图如图 5-12 所示。

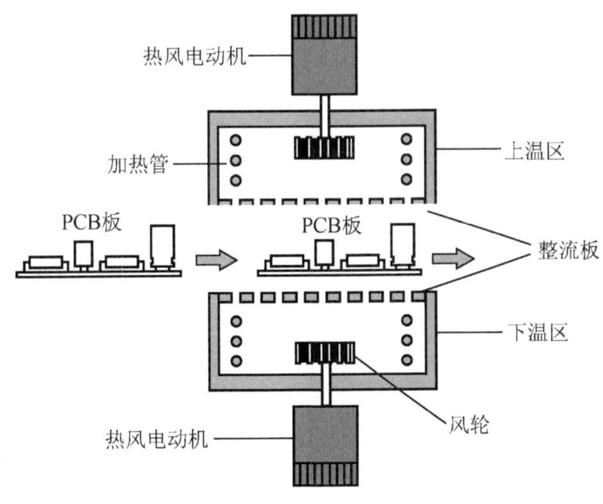


图 5-12 加热系统结构

2）全热风再流焊机加热系统的结构。从整体来看，整个炉膛分为预热区、保温区、回流区和冷却区，每个温区又分上温区和下温区。其中，预热区、保温区和回流区内装有发热管，冷却区只有热风电动机，没有发热管。各个温区均由温控系统独立控温。

热风电动机产生的气流被加热成为热风，热风经过整流板（特殊结构的风道）后，均匀分布在温区内。

因各个温区内发热管的功率不同，其温度也不同，以满足各个温区焊接温度的需要。

（2）全热风再流焊机加热系统的温控原理

为了使 PCB 板达到理想的焊接效果，再流焊机内部各个温区的温度是稳定不变的。再流焊机要确保各个温区内的温度稳定不变，需通过温控系统调整电热丝的加热功率来实现。

1）温控系统的组成结构。再流焊机温控系统的组成结构，如图 5-13 所示。

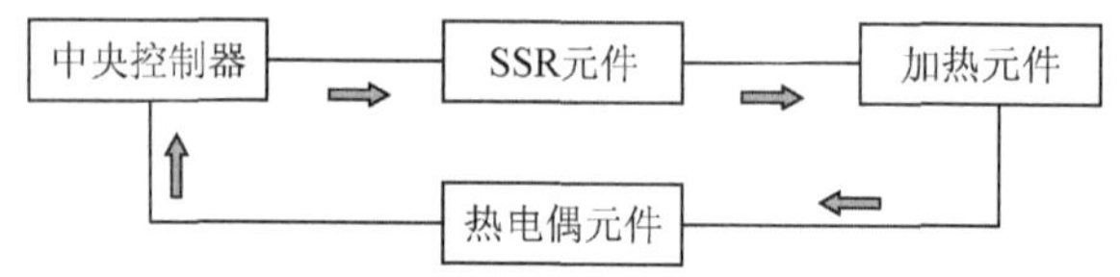


图 5-13　加热系统控制流程图

2）温控系统的温控原理。再流焊机每个温区的上、下温区内，均安装有热电偶，其安装位置一般在整流板的风口位置处，用来检测该温区温度的变化。热电偶把产生的电信号传递给中央控制器，中央控制器接收信号后，即与设定的温度值进行数据比较运算，比较运算的结果由中央控制器的温控输出端输出一个控制信号，该控制信号控制固态继电器（SSR）的导通，固态继电器再控制加热元件的工作电流，继而控制加热元件的发热情况。

操作人员通过修改中央控制器初始温度的设定值，即比较器的初始数据，即可实现温度值的修改。

3）固态继电器的工作原理。固态继电器 SSR（Solid State Relay），又叫光耦晶闸管。它是利用现代微电子技术与电力技术相结合发展起来的一种新型无触点电子开关，与电磁继电器工作原理基本类似。在触发信号的控制下，不但可实现对负载电路进行通断控制，起开关的作用，还可以通过改变触发信号的大小，控制输出端的导通情况，很容易实现调温、调速控制。温控电路原理图如图 5-14 所示。

固态继电器有单相、三相之分。单相固态继电器有四个引脚，如图 5-15 所示。其中 1、2 脚相当于单刀开关的两个脚，一个脚接相线输入，另一个脚接输出负载。3、4 脚为控制信号输入端子，有正负极之分，使用时需注意。

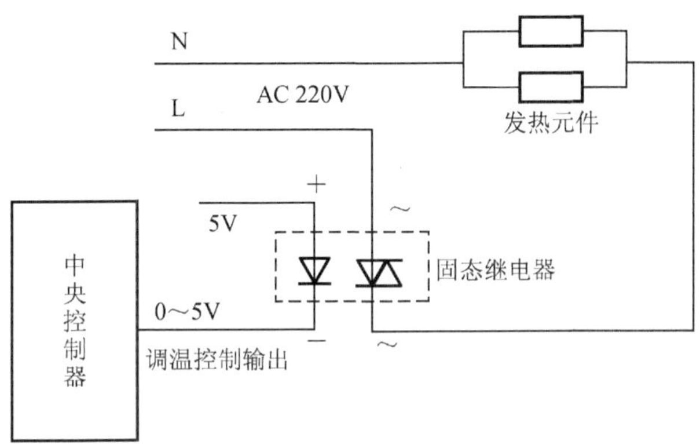


图 5-14　温控电路原理图

图 5-15　单相固态继电器

三相固态继电器，有八个引出脚，如图 5-16 所示。其中，标有 A、B、C 的六个引出脚是三相电源的输入端子与输出端子，相当于三刀开关的引脚。另外两个引出脚为控制信号输入端子，控制端子也有正负极之分，使用时切勿弄错。

图 5-16　三相固态继电器

（3）全热风再流焊机加热系统风速控制原理

1）风速与焊接温度的关系。再流焊机内各个温区的热风速度是可以调节控制的。热风速度偏高时，热传导能力增加，温区内的温度会上升，过高的风速，会影响 PCB 板的焊接质量，有时还会吹走细小的电子元器件。热风速度偏低时，则温区内的温度会下降，也会影响 PCB 板的焊接质量。

2）风速控制原理。再流焊机内部风速的控制较为简单，通常采用固态继电器直接控制热风电动机的转速，即可实现。电路原理图如图 5-17 所示。

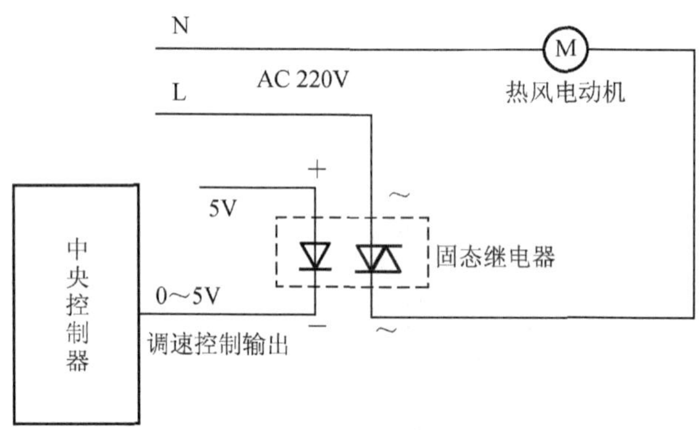


图 5-17　风速控制原理图

有些再流焊机，采用变频器来控制热风电动机的风速，稳定性能更好。

操作者可以通过修改或设定中央控制器的风速控制参数，改变中央控制器调速控制输出端子信号的大小，从而实现风速的控制。

## 2. 红外再流焊机的加热系统

（1）红外线发热原理

光是一种电磁波，可见光的波长范围为 400～760nm，波长 760nm～1mm 的电磁波称为红外线。

红外线是不可见光，有很强的热辐射效应。红外线热辐射的本质是，当红外线光子的振动频率与被它辐射物体分子间的振动频率一致时，被它辐射到的物体的分子就会产生共振，引发激烈的分子振动，使物体的温度迅速上升，从而产生热效应。

（2）红外线再流焊机的结构

红外线辐射虽然会产生大量的热量，但其穿透能力差，当用来焊接 BGA 等元器件时，被元器件盖住的引脚吸收的热量会大幅减少，未被盖住的引脚吸收的热量会显著增加，出现所谓的“阴影效应”。如果只用红外线辐射来进行焊接，PCB 板的焊接效果并不理想。为了改善 PCB 板的焊接效果，一般使用热风电动机，对辐射的热量进行强制对流，让热量辐射均匀化，使温区内的温度恒定不变。

红外线再流焊机结构原理图如图 5-18 所示。

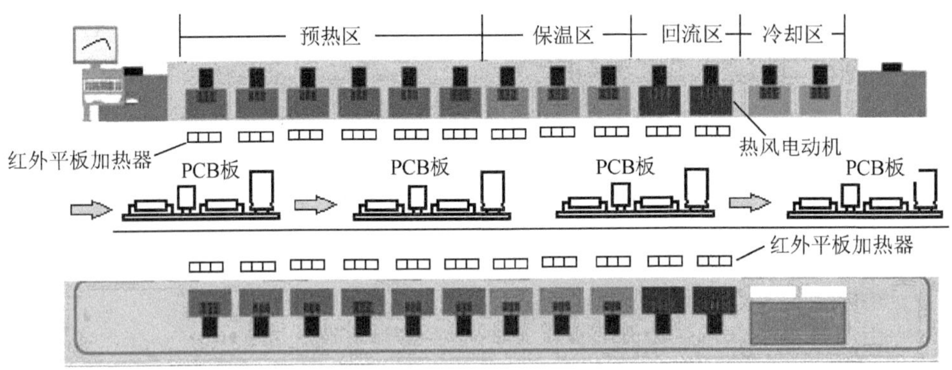


图 5-18　红外线再流焊机结构图

可以看出，红外线再流焊机结构与全热风再流焊机的结构非常相似，只是发热的元器件不同而已，红外线再流焊机采用红外线平板加热器作为发热元件，其他部分的结构，如热风电动机、热电耦、固态继电器 SSR 和整流板等，是相同的。

（3）红外线再流焊机的工作原理

红外线再流焊机也分四个温区，除冷却区外，其余每个温区均有上、下加热器，各个温区的温度也不相同。每块红外线平板加热器都是优良的红外辐射体，通电后能产生强烈的热辐射，在热风电动机的作用下，同一个温区内形成均匀的温度，从而完成 PCB 板焊接过程。

红外线再流焊机温控系统的温控原理和风速控制原理，与全热风再流焊机的工作原理是完全相同的。

### 3. 几种常见的再流焊技术

再流焊机按发热的方式分类，除了上述介绍的全热风再流焊机、红外线再流焊机外，还有热板传导式再流焊、气相再流焊和激光再流焊。

（1）热板传导式再流焊

利用发热板作为热源发热，PCB 板紧贴发热板来完成焊接的方法，称为热板传导式再流焊。热板传导式再流焊也有四个温区，改变各发热板的发热功率，即可改变各温区的温度。这种再流焊机因没有热风电动机，同一温区内的温度不均匀，PCB 板的焊接效果不理想，故较少使用。

（2）气相再流焊

气相再流焊又称气相焊（Vapor Phase Soldering，VPS）、凝聚焊或冷聚焊，主要用于厚膜集成电路的焊接，是片式元器件和 PLCC 器件最理想的焊接工艺。

气相再流焊的工作原理是利用液态氟被加热，由液态变为气态，利用高温的气体氟对 PCB 板进行加热焊接。焊接时，对液态氟进行加热，使之变为气体，完成 PCB 板的焊接。

气相再流焊最初是由美国一家电气公司于 1973 年开发成功的，最初主要用于厚膜集成电路的焊接。由于 VPS 具有升温速度快、温度均匀恒定、不会出现过热现象的优点，被广泛用于一些高难度电子产品的焊接中。但由于在焊接过程中需要大量使用形成气相场的传热介质，该介质价格昂贵，又是典型的臭氧层损耗物质（ODS），所以 VPS 未能在 SMT 大批量生产中全面推广应用。

（3）激光再流焊

激光再流焊是一种局部焊接技术，利用激光束照射到焊接部位时，会迅速发热的特性来完成 PCB 板的焊接。

激光再流焊主要适用于军事和航空航天电子设备中电路组件的焊接。这些电路组件采用了金属芯和热管式 PCB，贴装有 QFP 和 PLCC 等多引脚表面组装器件，由于这些器件比其他 SMC/SMD 的热容量大，故采用 VPS 需增加加热时间，这将导致 PCB 和表面组装器件出现可靠性问题。波峰焊接和红外线再流焊接技术也不适用于这种情形下的焊接，但激光再流焊接技术可快速在焊接部位局部加热而使焊料再流，避免了上述焊接技术的缺陷。

另外，随着元器件引脚数目的增加和引脚间距的缩小，引脚的非共面性使这些元器件采用其他的焊接方法时，难度显著增加。而采用激光再流焊接工艺，可以消除各种焊接缺陷，实现多引脚、细间距器件的可靠焊接。

激光再流焊不足之处是，设备价格昂贵，维护成本高，应用较少。

## 5.4 再流焊机的传动系统

用再流焊机来焊接 PCB 板时，PCB 板应在传动系统的驱动下匀速通过炉膛，这一过程是由再流焊机的传动系统来完成的。

传动系统的作用是，将 PCB 电路板（含托槽）从再流焊机入口以一定速度匀速输送到再流焊机的出口，以完成 PCB 板的焊接过程。

再流焊机传动系统由导轨、网带（中央支撑）、链条、运输电动机、轨道宽度调整机构和运输速度控制机构等部分组成。

应重点掌握传动系统的传动方式、轨距调节和传动速度控制等方面的知识。

1．传动系统的传动方式

在焊接时，PCB 板先放在专用的托槽内，一个托槽内可放几块至数十块（视 PCB 板大小而定）待焊接的 PCB 板，再将托槽放在再流焊机的传动机构上，由传动系统送入再流焊机内进行焊接。

（1）传动系统传动托槽的方式

传动系统传动托槽的方式主要有如下几种。

1）链传动（Chain）方式。如图 5-19 所示，托槽放在链条的导轨上，随着链条的转动，托槽即向前运动。这种传动方式结构简单，但因托槽中间悬空，托槽有脱落的情况存在。

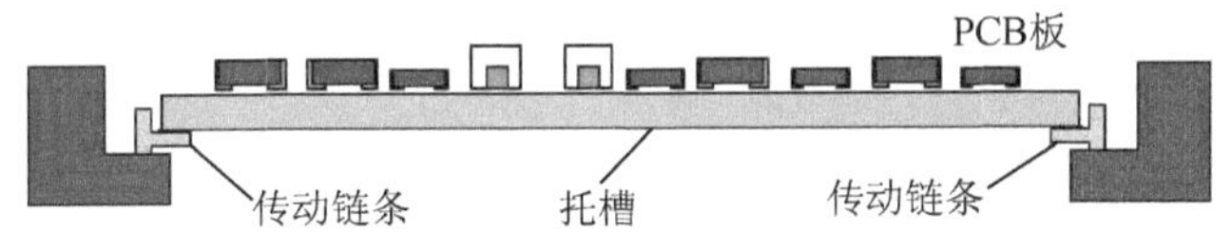


图 5-19　链条传动方式

2）钢丝网传动（Mesh）方式。如图 5-20 所示，托槽放在钢丝网上，钢丝网在传动齿轮的带动下向前运动，托槽即向前运动。这种传动方式结构简单，但因托槽没有放在专门的导轨上，存在托槽移位的情况。

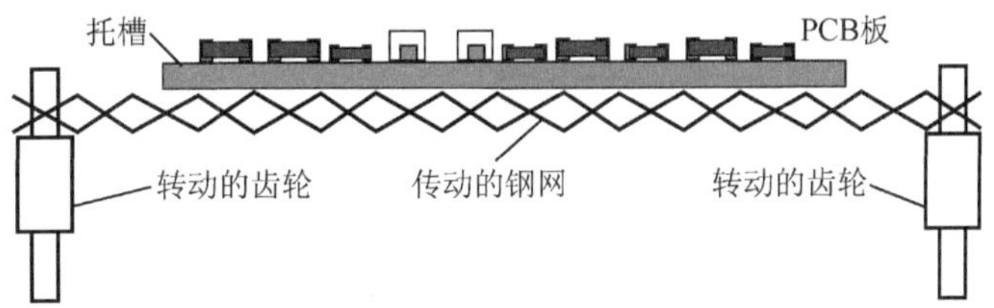


图 5-20　钢丝网传动方式

3）链传动＋网传动方式。这种传动方式，是上述两种方式的组合，可保证托槽不会移位和脱落，如图 5-21 所示。这种传动方式，是目前采用的主要方式。

图 5-21　链传动＋网传动结构图

除了上述的三种传动方式外，还有双导轨传动方式、链传动＋中央支撑传动方式，其工作原理大同小异。

（2）传动系统防断电的问题

再流焊机在正常工作时，是不允许断电的，因为一旦断电，虽然加热系统不工作了，但还有余热存在，此时热风电动机、传动系统均不转动了，处于回流区的 PCB 板会因过热而烤焦，处于保温区的 PCB 板会因温度偏低而成为半焊接状态，致使炉内的所有 PCB 板都因此报废。

为了避免上述的问题，一般再流焊机为传动电动机配备了一个小型的 UPS 电源。其作用是，当设备突然断电时，UPS 储存的电能可以驱动电动机继续运行约 10min，以保证在回流炉中正在焊接的 PCB 板全部经出口流出。

### 2. 传动系统的轨距调节

（1）进行轨距调节的原因

如前所述，再流焊机在焊接时，PCB 板是放在托槽内的，每一个托槽支架可放多少块 PCB 板，视 PCB 板大小而定。但是，PCB 板的大小是随电子产品不同而变化的，即 PCB 板尺寸的大小是不固定的。为了满足 PCB 板生产的需求，固定 PCB 板用的托槽，其尺寸大小也应是不固定的，这就要求再流焊机轨道的距离——轨距应能进行调节。

再流焊机的参数中，加工尺寸范围这个参数，就是指设备所能调整到的最大轨距。

（2）轨距调节方法

再流焊机轨距调节方法较简单，无需通过电脑操作键盘来设置参数，调节再流焊机侧边的宽度调节开关即可。

轨距调整的原理是，拨动宽度调节旋钮开关时（通常是顺时针调节时轨距变宽，逆时针调节时轨距变窄），轨距调节电动机通过螺杆带动活动导轨进行宽窄调节。通过调整速度微调旋钮，还可改变电动机的转速，从而改变导轨调节时的移动速度。

### 3. 传动系统速度控制的原理

再流焊机除了轨距可调节之外，还有一个重要的调节内容，就是传动速度调节。

（1）焊接温度对焊接质量的影响

再流焊机传动系统输送 PCB 板运转速度的大小，会直接影响 PCB 板的焊接温度，进而影响 PCB 板的焊接质量。

当再流焊机传动系统的运转速度过慢时，PCB 板的焊接温度会上升；反之，传动速度过快时，PCB 板的焊接温度会下降。

如果 PCB 板的焊接温度过高，会损坏电子元器件，如陶瓷电容会出现细微裂纹等；还会损坏 PCB 板，如引起 PCB 板出现卷曲、脱层或烧损现象等；还会使焊点出现锡珠、桥接等问题。

如果 PCB 板的焊接温度偏低，则会使焊点出现开路、缝隙等问题。

PCB 板焊接温度适宜是非常重要的，而合适的焊接温度除了与发热系统的功率、热风电动机的转速有关外，另外一个关键因素就是传动系统的速度。

（2）传动系统速度控制原理

目前，普遍采用的是“变频器闭环控制”的方式。

起始传动速度的设置。起始控制基本过程为，按照焊接工艺要求，在再流焊机的人机界面设定传动速度，中央控制器 CPU 把数据存入存储器中，并把控制参数传送给变频器，变频器根据 CPU 的指令，输出信号并控制运输电动机的传动速度。

正常工作传动速度的控制。在传动系统转轴的位置，装有速度检测器，实时检测电动机运转的速度，并把信号反馈给中央控制器 CPU。CPU 把检测的数值和设定值进行比较分析，如果运输电动机的实际速度与给定值不一致，CPU 会补偿偏差值，输出给变频器，变频器控制电动机的工作，保证电动机的速度和设定速度一致，实现速度的锁定，使传动系统保持匀速。

传动系统的传输速度控制原理图如图 5-22 所示。

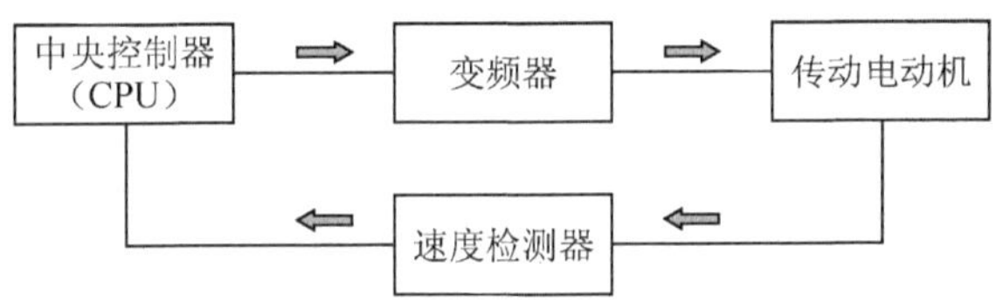


图 5-22　传输速度控制原理

传动系统的传输速度控制原理接线图如图 5-23 所示。图中，L1、L2、L3 为工频三相交流电源输入端，电源的工作频率为 50Hz，经过变频器变频后，从 U、V、W 端子输出的三相交流电源的频率可以在 20～120Hz 内进行调节。变频器输出频率的控制由 CPU 的 RH、RM、RL 三个端子输出的电平高低来控制，还可进行手动微调。

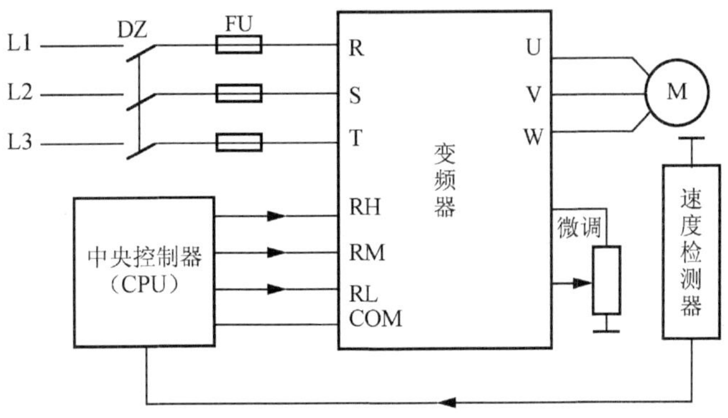


图 5-23　控制原理接线图

## 4. 再流焊机中变频器的常见故障

（1）变频器的作用与组成

1）变频器的作用。随着电子技术的发展，以及变频调速技术的提高，变频器的应用范围越来越广泛，如变频空调、电梯等。再流焊机中，热风电动机、传动系统等部分都要用到变频器。

变频器是利用电力半导体器件的通断作用，将工频电源变换为另一频率电源的控制装置。图 5-24 为常见变频器的实物图。

图 5-24　变频器

2）变频器的组成。变频器主要由工频整流（交流变直流）电路、滤波电路、逆变振荡（直流变交流）电路、制动单元电路、驱动单元电路、检测单元电路和微处理单元电路等组成，有单相变频器和三相变频器之分。

变频器的主要参数有额定工作电压、额定工作电路、额定转速、基本频率、命令来源、调速来源、上下限、升降时间和报警输出等。

（2）变频器常见的故障

再流焊机中，变频器运行中出现的问题主要表现为过电流、振动与噪声过大和发（过）热等。

在再流焊机中，变频器常见问题的产生原因及相应处理方法如下。

1）变频器过电流产生的原因及处理方法如下。

① 变频器过电流产生的原因。再流焊机中的变频器，在工作中有时会出现过电流的情况，即拖动系统在工作过程中出现过电流情况。其原因大致来自以下几方面。

电动机遇到冲击负载。如传动机构出现“卡住”现象，引起电动机电流的突然增加。

变频器输出端负载短路。如电动机内部发生短路等。

变频器自身工作不正常。如逆变桥中，同一桥臂的两个逆变器件，在不断交替的工作过程中出现异常。由于环境温度过高，或逆变器件本身老化等原因，使其参数发生变化，导致在交替过程中，一个器件已经导通，而另一个器件却还未来得及断开，引起同一个桥臂的上、下两个器件的“直通”，处于短路状态。

② 变频器过电流的处理方法。主要应检查：工作机械有没有卡住或者负载（电动机）有无短路；变频器功率模块有无损坏；参数设置是否正确。

2）振动与噪声产生的原因与处理方法如下。

① 变频器振动与噪声产生的原因。变频器是一个振荡电路，工作时，输出电压、电流中的高次谐波，易引起机械部件产生电磁策动力，当策动力的频率与机械部件的固有频率相近或重合时，变频器与机械部件之间就会出现共振，故会出现振动噪声。即采用变频器进行调速时，设备将会产生噪声和振动，这是变频器输出波形中含有高次谐波

分量所产生的结果。

② 变频器振动与噪声的处理方法。为了减弱或消除变频器与机械部件之间的振动，方法一，可以在变频器输出侧接入交流电抗器，以吸收变频器输出电流中的高次谐波电流成分。方法二，修改变频器的参数。如果电磁转矩有余量，可减小 *U*/*f* 设定值，以适当降低其振动。

3）变频器发热的原因与处理方法如下。

① 变频器发热的原因。变频器发热是由于内部的损耗而产生的，以主电路发热为主，约占 98%，控制电路发热占 2%。

② 变频器发热的处理方法如下。

方法一，检查散热风扇的散热情况。变频器内装风扇可将变频器箱体内的热量带走，应重点检查其散热情况是否良好。

方法二，降低运行环境温度。变频器是电子装置，内含电解电容等电子元器件，所以温度对其寿命影响较大。通用变频器的运行环境温度一般要求为－10～＋50℃，降低变频器运行温度，可延长其使用寿命，性能也较稳定。

## 5.5 再流焊工艺

随着表面贴装技术的发展，再流焊越来越受到人们的重视。本节主要介绍再流焊工艺温度区间，设置温度曲线的依据，再流焊设备对焊接的影响，再流焊实时温度曲线的测定及再流焊实时监控系统。

再流焊接是表面贴装技术（SMT）特有的重要工艺，焊接工艺质量的优劣不仅影响正常生产，也影响最终产品的质量和可靠性。因此对再流焊工艺进行深入研究，并据此开发合理的再流焊温度曲线，是保证表面组装质量的重要环节。

### 1. 温度曲线

再流焊温度曲线是指 PCB 板通过回流炉时，其上某一点的温度随时间变化的曲线。温度曲线提供了一种直观的方法，来分析某个元件在整个回流焊过程中的温度变化情况。这对于获得最佳的可焊性，避免由于超温而造成元件损坏，以及保证焊接质量都非常重点。

理想的曲线由四个区间组成，前面三个区加热、最后一个区冷却。炉的温区越多，温度曲线的轮廓越准确和接近设定值。再流焊这四阶段的温度变化过程可以分为：预热阶段、保温阶段、回流阶段和冷却阶段。图 5-25 为一种再流焊温度曲线。由图可见，整条曲线分为四个阶段。

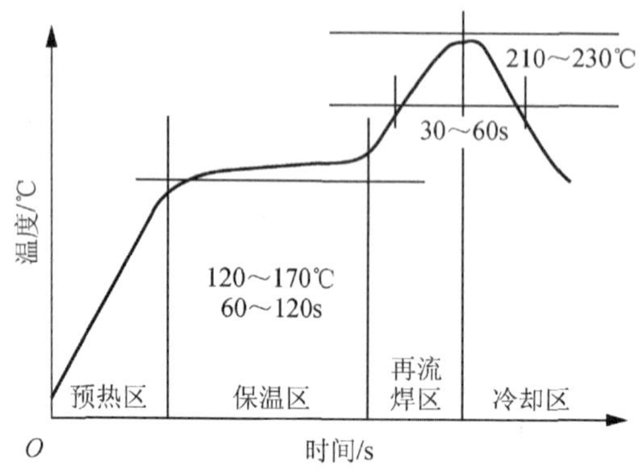


图 5-25　再流焊温度曲线

（1）预热区

预热是为了使焊膏活性化，避免浸锡时急剧高温加热引起的 PCB 板质量下降。预热阶段的目的是把室温的 PCB 进行预先加热，但加热升温速率要合适。如果加热时升温过快，会产生热冲击，电路板和元件都可能受损，如陶瓷电容出现细微裂纹等；如果升温过慢，则助焊剂挥发不充分，影响焊接质量。由于加热速度较快，在温区的后段 PCB 板内的温差较大。一般规定升温速度上限为 4℃/s。然而，通常上升速率设定为 1～3℃/s，典型的升温速率为 2℃/s。

回流炉的预热区一般占整个加热通道长度的 25%～33%。

（2）保温区

保温阶段是指温度从 120～150℃升至焊膏熔点的区域。其主要目的是使 PCB 板内各元件的温度趋于恒定，尽量减少元件之间的温差，并保证焊膏中的助焊剂得到充分挥发。保温阶段结束后，焊盘、焊料及元件引脚上的氧化物应除去，整个 PCB 板的各元件、各个部分的温度应基本一致，否则在进行回流焊接时，将会因为各部分温度不均匀产生各种不良焊接现象。

回流炉的保温区一般占加热通道的 33%～50%。

（3）再流焊区

在整条曲线中，再流焊区温度设置值最高，PCB 板焊接的温度快速上升至峰值温度。此区焊接峰值温度，视所用焊膏不同而异，一般推荐温度为焊膏的熔点温度以上 20～40℃。对于熔点为 183℃的 63Sn/37Pb 焊膏和熔点为 179℃的 Sn62/Pb36/Ag2 焊膏，峰值温度一般为 210～230℃。再流焊时间不要过长，以防对 PCB 板造成不良影响。理想的温度曲线是，超过焊锡熔点的“尖端区”覆盖的面积约为 30s。

（4）冷却区

这一区域的主要作用是，将 PCB 板焊点的温度冷却到固相温度以下，使焊点凝固。冷却过程对焊接的最后结果也起着关键作用，如果冷却效果不好，元件会出现翘起、焊点发暗、表面不光滑等问题。这个阶段，焊膏内的铅锡粉末已经熔化，并充分润湿被连接表面，应该用尽可能快的速度来进行冷却，这样将有助于得到明亮，有好的外形和低的接触角度的焊点。缓慢冷却会导致电路板的过多分解并进入锡中，从而产生灰暗毛糙的焊点，在极端的情形下，它能引起沾锡不良和减弱焊点结合力。冷却段降温速率一般为 3～10℃/s。

2. 设置再流焊温度曲线的依据

温度曲线是保证焊接质量的关键，实时温度曲线和焊膏温度曲线的升温斜率和峰值温度应基本一致。160℃前的升温速率控制在 1～2℃/s。如果升温斜率速度过快，一方面会使元器件及 PCB 受热太快，易损坏元器件，造成 PCB 变形。另一方面，会使焊膏中的熔剂挥发速度过快，容易溅出金属成分，产生焊锡球；峰值温度一般设定为比合金熔点高 30～40℃（例如，63Sn/37Pb 焊膏的熔点为 183℃，峰值温度应设置在 215℃左右），再流时间为 60～90s。峰值温度低或再流时间短，会使焊接不充分，不能生成一定厚度的金属间合金层，严重时会造成焊膏不熔。峰值温度过高或再流时间过长，使金属间合金层过厚，也会影响焊点强度，甚至会损坏元器件和印制板。因此设置再流焊温度曲线需要考虑以下几个方面：

1）不同金属含量的焊膏有不同的温度曲线，首先应按照焊膏加工厂提供的温度曲线进行设置。因为焊膏中的焊料合金决定了熔点，助焊剂决定了活化温度（主要控制各温区的升温速率、峰值温度和回流时间）。

2）根据 PCB 板的材料（塑料、陶瓷、金属）、厚度、是否多层板和尺寸大小进行设置。

3）根据表面组装板搭载元器件的密度、元器件的大小及有无 BGA、CSP 等特殊元器件进行设置。

4）根据设备的具体情况，如加热区长度、加热源材料、再流焊炉构造和热传导方式等因素进行设置。

热风炉和红外炉区别较大，红外炉主要是辐射传导，其优点是热效率高，温度陡度大，易控制温度曲线，双面焊时 PCB 上、下温度易控制。缺点是温度不均匀。在同一块 PCB 上由于器件的颜色和大小不同，故其温度也不同。为了使深颜色器件周围的焊点和大体积元器件达到焊接温度，必须提高焊接温度。

热风炉主要是对流传导。其优点是温度均匀、焊接质量好。缺点是 PCB 上、下温差及沿焊接炉长度方向温度梯度不易控制。

5）根据温度传感器的实际位置来确定各温区的设置温度。

6）根据排风量的大小进行设置。

7）环境温度对炉温也有影响，特别是加热温区短、炉体宽度窄的再流焊炉，在进出口处要避免对流风。

### 3. 再流焊设备对焊接质量的影响

再流焊设备中加热区的长度、数量，传送带的情况，温度控制等对再流焊的焊接质量有着较大的影响。主要表现在以下方面：

1）温度控制精度。

2）传输带横向温度均匀，无铅焊接要求＜±2℃。

3）加热区长度越长、区数量越多，越容易调整和控制温度曲线，无铅焊接应选择 7 温区以上。

4）最高加热温度一般为 300～350℃，考虑无铅焊料或金属基板，应选择 350℃以上。

5）要求传送带运行平稳，振动会造成移位、吊桥和冷焊等缺陷。

6）应具备温度曲线测试功能，否则应外购温度曲线采集器。

图 5-26 为热风回流炉结构示意图。

加热效率、横向温度均匀性、温度控制精度与空气流动设计及设备结构、软硬件配置有关。对于回流炉的考虑有以下方面：气流应有好的覆盖面，过大、过小都不好；对流效率（速度、流量、流动性、渗透能力）；温区风速是否可调；PID 温度控制精度；加热源的热容量；传送速度精度和稳定性；排风要求及 Flux 处理能力和冷却效率。

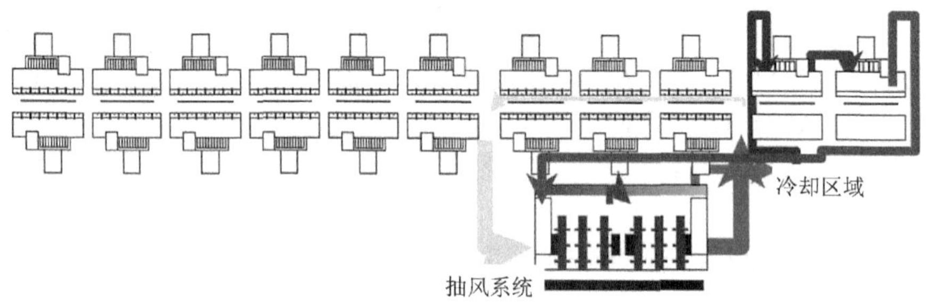


图 5-26　热风回流炉结构示意图

### 4. 再流焊实时温度曲线的测定

（1）温度测量基本原理

利用再流焊炉自带的具有耐高温导线的热电耦或温度采集器及温度曲线测试软件（KIC）进行测试。图 5-27 为测试温度使用的热电偶。图（a）所示为热电偶整体结构图，图（b）所示为连接头。

在使用之前，先要了解热电偶测温的基本原理。热电偶的测温原理是基于热电现象，即利用两种不同材质的导体连接在一起，构成一个闭合回路，当两个接点的温度不同时，在回路中就会产生热电动势。当测量端与参比端存在温差时，就会产生热电动势，利用工作仪表便能显示出热电动势所对应的温度值。将两种不同的金属导线 A、B 连接起来组成一个闭合回路，如图 5-28 所示。

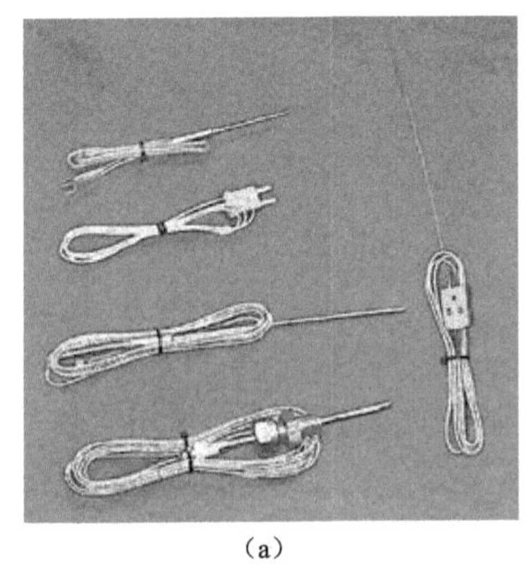
（a）

（b）

图 5-27　热电偶的结构

当两个连接点 1 和 2 所处的温度相同时，由于两个连接点上所产生的接触电动势大小相等而符号相反，所以此时回路中无电流通过。

当两个连接点的温度不同，分别为 $T_1$ 和 $T_2$ 时，在两个连接点上产生的接触电动势不同，回路中就有电流通过。此时，在回路中接入毫伏表或电位差计，就可以测出由于两连接点温度不同所产生的电动势差。

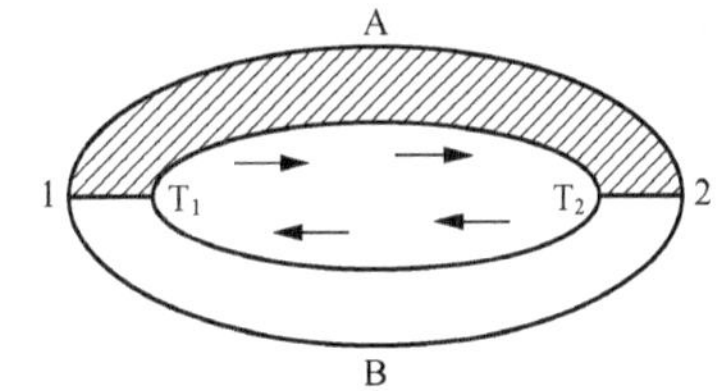

图 5-28　原理简图

温差电动势 $E$ 的值与两个连接点温度差 $\Delta T$ 成一定的函数关系：

$$E=f(\Delta T)$$

若将其中的一个连接点作为参考点，并维持温度恒定不变（常用冰水混合物，以维持 0℃），温差电动势的大小就只与另一个连接点（测温点）的温度（$T$）有关。此时，关系式为

$$E=f(T)$$

根据这对不同金属导线中的温差电动势值就能显示出测温点的温度。SMT 的温度曲线的测量即采用了这个原理。

（2）测温热电偶种类

SMT 采用 K 型热电偶测量温度，如镍铬—镍硅（镍铝）热电偶（分度号为 K），该种热电偶的正极为含铬 10%的镍铬合金（KP），负极为含硅 3%的镍硅合金（KN）。K 型热电偶适于在氧化性及惰性气氛中连续使用。短期使用温度为 1200℃，长期使用温度为 1000℃。在我国镍铬—镍硅热电偶已经基本上取代了镍铬—镍铝热电偶。国外仍然使用镍铬—镍铝热电偶。两种热电偶的化学成分虽然不同，但其热电特性相同，使用同一分度表。

SMT 使用 K 型热电偶应注意以下问题。

1）组成热电偶的两个热电极的焊接必须牢固。

2）两个热电极彼此之间应很好地绝缘，以防短路。

3）由于采用接触式测温方式，测温元件与被测介质需要进行充分的热交换，需要一定的时间才能达到热平衡，所以存在测温延迟现象。

4）K 型热电偶允许测温误差为±0.75%｜$t$｜，如峰值温度 230℃时测温误差约为±1.725℃。

5）热电偶结点必须与被监测表面直接、可靠地热接触，使温度读数更接近于热电偶周围材料的温度，否则，在热电偶结点与被测表面之间就会产生未知的热阻。

6）用于将热电偶结点固定到被测表面的材料应最少。这种材料会增加直接传给热电偶的热容量，以及与这种材料接触的被测表面的热绝缘性，这两种情况均会导致在炉温上升或下降时，热电偶的温度滞后于板表面的真实温度。当温度的变化率为 2℃/s 时，将滞后 5～10℃，这意味着典型回流温度曲线上的温度峰值将小于实际值。

7）根据热电偶测温原理，需每年对热电偶校验一次。

（3）热电偶的固定方法

将热电偶固定在电路板的各个位置上，可以在焊接过程中监测实时温度曲线。热电偶的固定方法对数据质量（真实性）的影响极大。固定方法主要有以下四种：高温焊料、采用胶粘剂、胶粘带和机械固定。固定方法目的是获得各个关键位置的精确、可靠的温度数据。

1）用高温焊料来固定。需要至少含铅 90%、熔点超过 289℃的焊料，这样，焊料在回流焊时就不会熔化。

高温焊料具有良好的导热性，有助于将误差减到最小，即使在热电偶结略微脱离电路板表面的情况下也是如此。它能提供很好的机械固定性能。高温焊料的缺点是焊接需要熟练的操作技巧，否则容易损坏元件、焊点或焊盘，而且不能用于未经焊接的电路板，也不能用于将热电偶固定到不可焊的表面，如陶瓷与塑料元件体、PCB 板面等。

2）用胶粘剂来固定。采用胶粘剂可将热电偶固定到塑料、陶瓷元件及 FR4 板等不可焊的表面。常用的胶粘剂有两类，一类是 UV 活化胶，它可在几秒内将热电偶固定，但只能工作于 120℃左右；另一类专用的高温双组份环氧胶的耐温可达 260℃，但固化时间长，较不方便（大多采用贴片胶）。胶粘剂导热性较差，如果在固定热电偶时使用过多的胶粘剂，将会产生不良的热传导；残留的胶不容易去除，如用小刀很容易造成电路板损坏。SMT 中也较少使用这种方式。

3）用胶粘带来固定。高温胶粘带，可在任何表面方便地使用。但是，必须使其与被测表面紧密接触。它的缺点是即使结点少量翘起，只离开被测表面千分之一英寸，其测量温度也将主要是周围环境的温度，它在一定程度上受到热辐射的影响；另外，利用胶带在高密度区固定热电偶很困难，甚至不可能。一种行之有效的方法是，将热电偶导线弯成钩形。图 5-29 为高温胶粘带示意图。

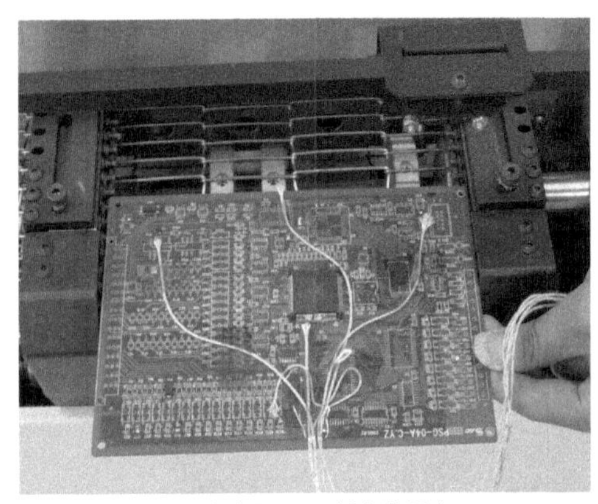

（a）在实际 PCB 板上的固定

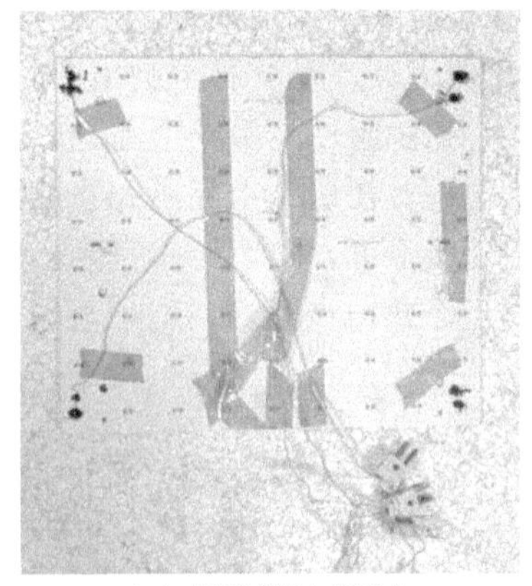
（b）在测试板上的固定

图 5-29 高温胶粘带

4）用机械方法来固定。机械固定有纸夹固定法、镙钉固定法和机械式热电偶支撑器固定法。纸夹和镙钉固定法只能用于板边的测量。纸夹固定快捷方便，但不能牢固、可靠地固定热电偶。操作中如不小心，会导致热电偶移动。镙钉固定坚固、可靠，但容易损坏电路板。而且热容量和来自板背面或内部铜层的热传导会使温度显示失真。机械式热电偶支撑器具有以下优点：很容易牢固地夹在电路板的边缘；可将热电偶结点固定在电路板的任何位置，包括元件间的窄小空间；弹簧张力使热电偶结点可接触任何类型的表面；低热容的热电偶结点可以快速响应温度的变化；不需要焊接，因此不会破坏电路板；结点直径小，可在 BGA 中心下面的电路板上钻一个小孔，即可精确建立器件的回流温度曲线，而且拆除仅需几秒。

（4）温度测试的步骤

1）准备一块焊好的实际产品表面组装板。使用“假件”、舍弃某些器件不贴片、光板，都不能反应实际热容量与空气对流传导的效率。

2）选择三个以上测试点，选取能反映出表面组装板上高（热点）、中、低（冷点）有代表性的三个温度测试点。最高温度（热点）一般在炉堂中间，无元件或元件稀少及小元件处；最低温度（冷点）一般在大型元器件处（如 PLCC）、大面积布铜处、传输导轨或炉堂的边缘处或热风对流吹不到的位置。此处以五个测试点为例。

3）用高温焊料将五根热电耦的测试端分别焊在焊点上（必须将原焊点上的焊料清除干净）。或用高温胶带纸将五根热电耦的测试端分别粘在 PCB 的五个温度测试点位置上。特别要注意，必须粘牢。如果测试端头翘起，采集到的温度不是焊点的温度，而是周围热空气温度，则会造成测量误差。

4）将五根热电耦的另外一端插头分别编号为 1、2、3、4、5。按顺序插入机器台面相应的插孔位置，或插入采集器的插座。应注意极性正确。并记住这五根热电耦在表面组装板上的相对位置。

5）将被测表面组装板置于再流焊机入口处的传送链或网带上，同时启动测试软件。随着 PCB 的运行，在屏幕上画出实时曲线。

6）当 PCB 通过最后一个温区后，拉住热电耦线将表面组装板拽回，此时就完成了一个测试过程。在屏幕上显示完整的温度曲线和峰值表。如使用采集器，应将采集器放在表面组装板后面，略留一些空距，并在出口处接出，然后通过计算机软件调出温度曲线。采用五个热电偶测试，对应五条温度曲线。图 5-30 为一种采集器的外观图。

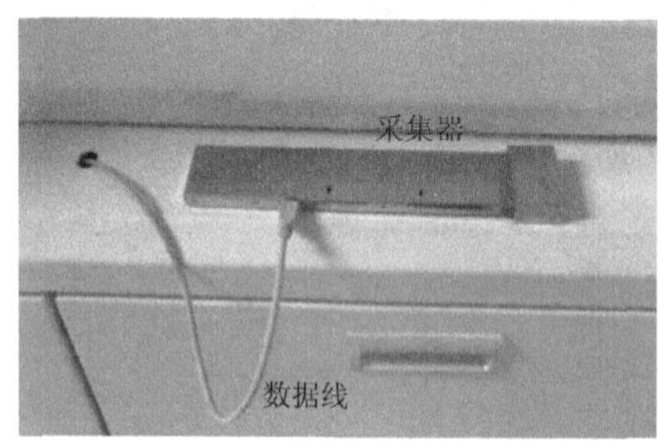


图 5-30 数据采集器

（5）再流焊温度曲线的分析与调整

测定实时温度曲线后应进行分析和调整，以获得最佳、最合理的温度曲线。主要考虑以下五方面。

1）根据焊接结果，结合实时温度曲线和焊膏温度曲线作比较，并适当调整，以 Sn63/Pb37 焊膏为例，如图 5-31 所示。

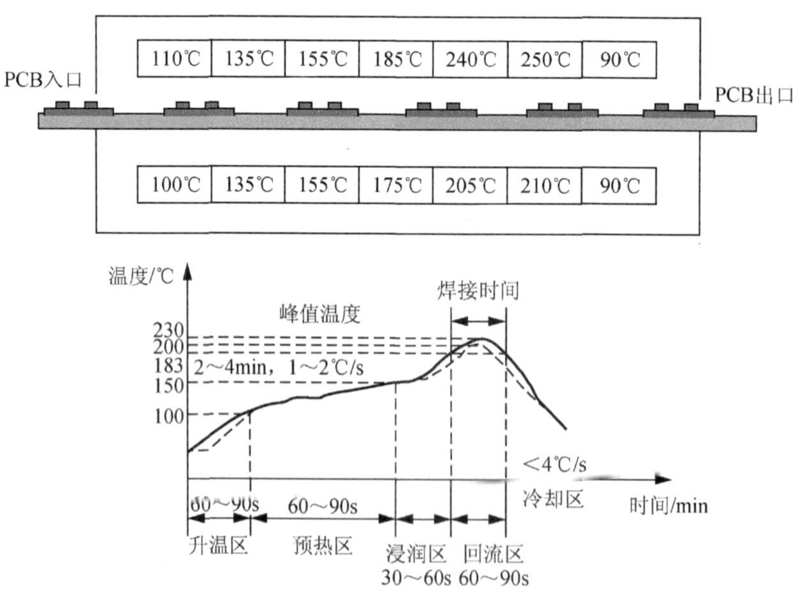


图 5-31 Pb/Sn 铅锡焊膏再流焊温度曲线

① 实时温度曲线和焊膏温度曲线的升温斜率和峰值温度应基本一致。

② 从室温到 100℃为升温区。升温速度控制在 2℃/s 以下，或 160℃前的升温速度控制在 1～2℃/s。

③ 100～150（160）℃为保温区，一般为 60～90s。

如果升温速度太快，一方面会使元器件及 PCB 受热太快，易损坏元器件，造成 PCB 变形。另一方面，焊膏中的熔剂挥发速度太快，容易溅出金属粉末，产生锡球；如果预热温度过高、时间过长，容易使金属粉末氧化，影响焊接质量。

④ 150～183℃为快速升温区，或称为助焊剂浸润区。理想的升温速度为 1.2～3.5℃/s。当温度升至 150～160℃时，焊膏中的助焊剂开始迅速分解活化，如时间过长会使助焊剂提前失效，影响液态焊料浸润性，从而影响金属间合金层的生成。

⑤ 183～183℃是焊膏从融化到凝固的焊接区，或称为回流区，一般为 60～90s。

⑥ 峰值温度一般定在比焊膏熔点高 30～40℃（Sn63/Pb37 焊膏的熔点为 183℃，峰值温度为 210～230℃）时，这是形成金属间合金层的关键区域，一般需要 15～30s。焊接热是温度和时间的函数。温度高，时间可以缩短一些；温度低，时间应延长一些。峰值温度低或再流时间短，会使焊接不充分，导致金属间合金层太薄（＜0.5μm），严重时会造成焊膏不熔；峰值温度过高或再流时间过长，会造成金属粉末严重氧化，合金层过厚（＞4μm），影响焊点强度，严重时还会损坏元器件和印制板，印制板外观会严重变色。

2）调整温度曲线时应以热容量最大、最难焊的元件为准，要使最难焊元件的焊点温度达到 210℃以上。应注意以下两个问题：

① 热电偶的连接是否有效。

② 考虑到热电偶与被测介质需要进行充分的热交换，需要一定的时间才能达到热平衡，存在测温的延迟现象，必要时应验证测试数据的有效性（特别在升温斜率较高或传送速度较快时）。

3）考虑热耦测温系统精度。

4）考虑再流焊炉的热分布。

5）考虑传送带速度的设置。

由以上分析可以看出，再流焊质量与 PCB 焊盘设计、元器件可焊性、焊膏质量、印制电路板的加工质量、生产线设备及 SMT 每道工序的工艺参数，甚至与操作人员的操作都有密切的关系。同时也可以看出 PCB 设计、PCB 加工质量、元器件和焊膏质量是保证再流焊质量的基础，因为这些问题在生产工艺中是很难甚至是无法解决的。因此只要 PCB 设计正确，PCB、元器件和焊膏都是合格的，再流焊质量是可以通过印刷、贴装和再流焊每道工序的工艺来控制的。

### 5. 再流焊实时监控

再流焊实时监控系统的作用是，24h 对再流焊炉进行实时监控，它对工艺流程中的每个产品进行跟踪记录。再流焊监控系统能够随时向工艺工程师提供客观的数据，在缺陷产生前发现问题，确保最优的焊接效果。图 5-32 为计算机温度监控界面。

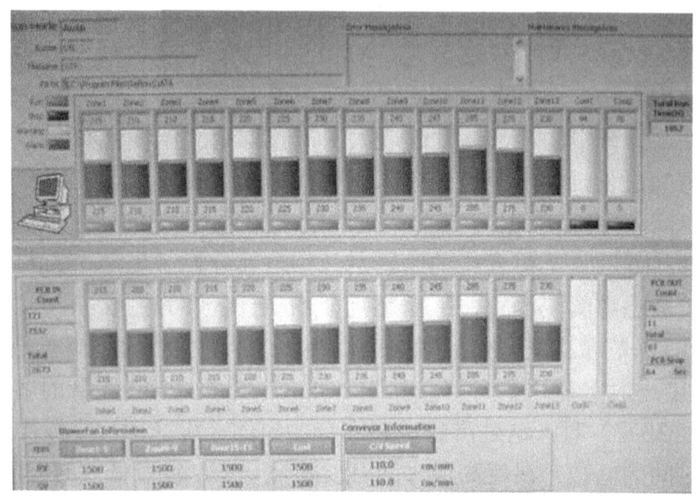

图 5-32　实时监控系统温度监控界面

它的工作原理是，对于同一产品测一次温度曲线作为基准曲线。监控系统通过热电偶实时测量出 PCB 上各测试点的实时温度，以基准曲线为标准，为每一块 PCB 板推测出一个精确的仿真曲线。再流焊实时监控系统可以通过输入加工时间的方式，调出当时的炉内仿真温度曲线，以此判断炉温是否正常。

实时监控系统是实时监控包括温度和时间、升温速率及传送带速等能引起工艺过程变化的所有参数。通过实施监控系统，操作人员能随时掌握回流炉中的实时情况，以便做出及时处理，保证产品的质量。

## 5.6 再流焊机常见故障及维护

再流焊机在使用过程中，会出现焊接时元器件掉落、PCB 板掉落等故障，操作技术人员在故障出现时，应能及时排除，才能保证不会影响正常的生产。另外，再流焊机在使用过程中，也应进行常规的维护保养，以减少故障的发生概率。

### 1. 常见故障及原因

再流焊炉在使用过程中，常见的故障有：REFLOW 时元件掉落、PCB 板掉落、热风搅动停止、PCB 卡于轨道上或流动受阻、助焊剂过度堆积（废气排放不良）等，以下为常见的故障及其原因分析。

（1）REFLOW 时元件掉落

造成再流焊元件掉落的原因有三点：链条及传动组件润滑不良；轨道宽度不一致（变形弯曲）；机器振动（外力）。

（2）PCB 板掉落

PCB 板掉落的原因有轨道宽度设定过宽，轨道宽度不一致（弯曲变形）。

（3）热风搅动停止（热风式回焊炉）

热风搅动停止的原因：热风搅动风扇电动机故障（短路）。

（4）PCB 卡于轨道上或流动受阻

PCB 板受阻的原因：

1）链条不洁（碳化油污堆积）。

2）轨道宽度不一致（弯曲变形）。

（5）助焊剂过度堆积（废气排放不良）

助焊剂堆积的原因：废气排放管阻塞或过滤网未更换。

### 2. 再流焊炉维护保养

再流焊炉作为 SMT 的核心部分，它的工作效率直接影响到整个生产效率，再流焊炉的焊接质量基本反映了 SMT 生产线的良品率，因此它的保养维护非常重要，一般要求如下。

1）保持设备清洁，每周清扫一次，清扫部位如图 5-33 和图 5-34 所示。

图 5-33　排风管以酒精清洁管壁，检查是否破损必要时更换

图 5-34　清洁炉膛外部及周边

2）定期清洗助焊剂回收系统（无铅的助焊剂残留物更多）。助焊剂清洗部位如图 5-35 所示。清洁炉堂内部助焊剂等赃物，必要时更换。

3）定期检查设备链条、齿条、电动机、风机等运转情况。清洗部位如图 5-36 和图 5-37 所示。

图 5-35 清洗炉膛内部

图 5-36 热风电动机

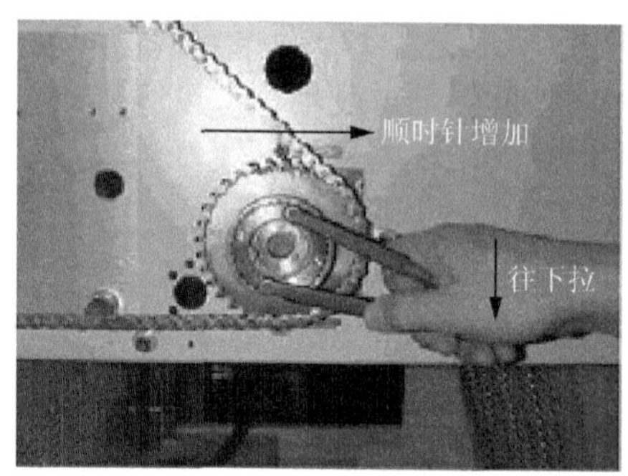


图 5-37 传动链条

4）清洗的周期和规定部位（热风电动机轴承、板宽调节丝杆、传输链条）见表 5-1。

**表 5-1 再流焊炉保养**

| 项目内容 | 作业标准 | 方法及工具 |
|---|---|---|
| 轨道平行度（室温）冷机状态下 | 1）以固定边轨道为基准，取第 3 区、第 6 区、第 9 区、第 12 区至机台机座边缘需皆平行一致；<br>2）进口处、中间传动组合、出板处 EHC（Edge Hold Chain）Pin 对 Pin 为量测要点；<br>3）进口处与出板处放置 PC 板后间隙距离范围；<br>4）中间传动组合需比进口处与出板处宽 1～1.5mm（但这数据需依据炉子轨道受热物理变化特性进行调整） | 1）以游标卡尺量测距离；<br>2）以游标卡尺及配合 PCB 生产基板量测，佩戴耐高温手套及防护面具；<br>3）调整方式：以进口处宽度为基准点，若出板处较宽或窄，以固定钳及 19mm 呆扳手将链条与轨道后端传动齿杆分开，放松，再以手转动后端传动齿杆调整至与前、中端相同距离 |
| 固定边轨顶 Pin 螺栓 | 固定边轨道至机台机座边缘固定顶 Pin 螺栓 | 以厚薄规量测距离 |
| 轨道托高装置 | 滚动滑轮需正常来回滑动 | 在 WAKE UP 温度文件中手动调整轨道宽度至极限来回行走，观察是否因阻力影响轨道宽度。若太紧，放松托高装置高度调整螺钉至适当接触面 |
| 轨道固定边前后钢铁板 | 1）检查是否偏移；<br>2）检查轨道固定螺钉是否松脱 | 1）以水平仪检测平行度；<br>2）以内六角扳手检查螺钉松紧度 |

续表

| 项目内容 | 作业标准 | 方法及工具 |
|---|---|---|
| 轨道移动边前后钢铁板 | 1）检查是否偏移；<br>2）检查轨道固定螺钉是否松脱 | |
| 轨宽传动电动机各齿轮、链条 | 齿轮、链条正常传动、轴心固定内六角螺钉需上紧、表面干净，并进行松紧度检查 | 1）以内六角扳手推 Pin 器上紧检查；<br>2）用溶剂或酒精以干净布擦拭干净齿轮表面，再以润滑油润滑表面 |
| 轨宽传动轴杆 | 1）轴杆需正常传动，不可有过脏、偏移、弯曲、或变形现象发生；<br>2）轴杆 C 形环、铜质衬套需在正常位置，且不可有沟槽间隙产生 | 1）用溶剂或酒精以干净布擦拭干净表面；<br>2）左述各项检查若必要应更新备品 |
| 前端及中间固定齿杆、齿轮 | 需与传动齿轮正常咬合，不可有过脏、偏移、弯曲或变形现象发生 | 1）用溶剂或酒精以干净布擦拭干净表面；<br>2）若变形，应更新备品 |
| 前端与中间轨宽链动轴杆 | 需与传动电动机同步移动，轴杆与轴杆间连接固定内六角螺钉，不可有过脏、偏移、弯曲、或变形、螺钉松动及断裂现象发生 | 1）内六角扳手上紧螺钉，连动轴杆与 Center Rack Assembly 的固定内六角螺钉以 Epoxy 耐高温胶于上紧后涂布螺钉上缘以防止螺钉移位；<br>2）用溶剂或酒精以干净布擦拭干净表面，待溶剂或酒精挥发完成后再装回 |
| 中间固定齿杆总成 | 需与传动电动机同步移动，行走顺畅 | 1）以内六角扳手紧螺钉，检查与连动轴杆齿轮咬合情况；<br>2）用溶剂或酒精以干净布擦拭干净表面，待溶剂或酒精挥发完成后再装回 |

按要求加高温润滑油、润滑脂及进行清洗。润滑剂可降低两个相对运动的接触表面之间的摩擦系数，是机械运动不可缺少的。

## 5.7 再流焊常见缺陷与原因分析

再流焊是 SMT 工艺的核心。因为 PCB 的组装质量问题在绝大多数情况下都是由于焊接质量出现问题。要想获得良好的焊接质量，做到无缺陷地大批量生产，除了提高工艺人员分析、判断和解决问题的能力，还要从工艺本身出发，谋求 SMT 有关工艺因素的最佳化。本小节介绍常见的焊接质量问题。

### 1. 焊膏熔化不完全

表现为全部或局部焊点周围有未熔化的残留焊膏，如图 5-38 所示。

焊膏熔化不完全的原因及预防对策：

1）温度低。再流焊峰值温度低或再流时间短，导致焊膏熔化不充分。

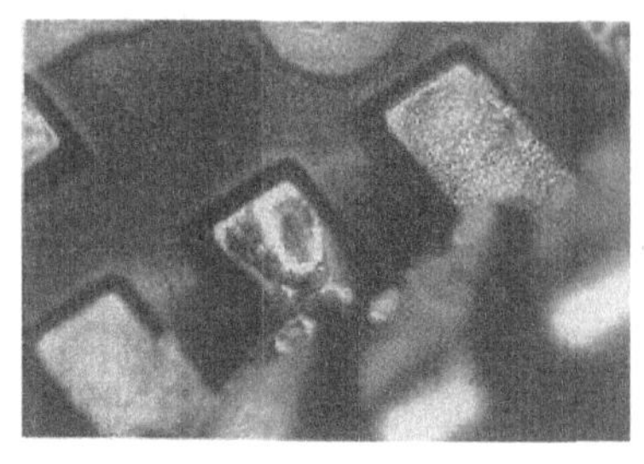

图 5-38　焊膏熔化不全

预防对策：调整温度曲线，峰值温度一般定在比焊膏熔点高 30～40℃，再流时间为 30～60s。

2）再流焊炉横向温度不均匀。一般发生在炉体较窄，保温不良的设备。

预防对策：适当提高峰值温度或延长再流时间。尽量将 PCB 放置在炉子中间部位进行焊接。

3）PCB 设计。当焊膏熔化不完全时会发生大焊点，一般在大元件及大元件周围或印制板背面有大元件。

预防对策：尽量将大元件布在 PCB 的同一面，确实排布不开时，应交错排布；适当提高峰值温度或延长再流时间。

4）红外炉。深颜色吸热多，黑色比白色高 30～40℃，PCB 上温差大。

预防对策：为了使深颜色周围的焊点和大体积元器件达到焊接温度，必须提高焊接温度。

5）焊膏质量问题。金属粉含氧量高；助焊性能差；或焊膏使用不当；没有回温或使用回收与过期失效焊膏。

预防对策：不使用劣质焊膏；制定焊膏使用管理制度，如在有效期内使用；从冰箱取出焊膏，达到室温后才能打开容器盖；回收的焊膏不能与新焊膏混装等。

### 2. 润湿不良

润湿不良又称不润湿或半润湿，即元器件焊端、引脚或印制板焊盘不沾锡或局部不沾锡，如图 5-39 所示。

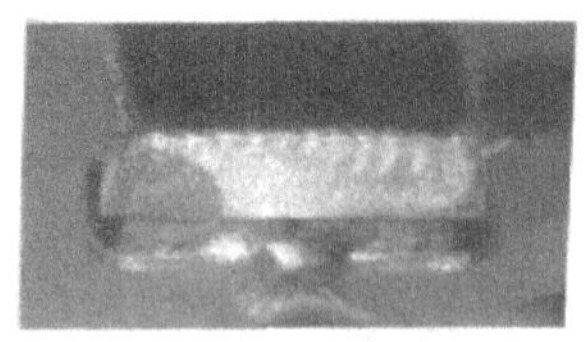

图 5-39　润湿不良

润湿不良的原因分析如下。

1）元器件焊端、引脚、印制电路基板的焊盘氧化或污染，或印制板受潮。

预防对策：元器件尽快使用，避免存放在潮湿环境中，不要超过规定的使用日期。对印制板进行清洗和去潮处理。

2）焊膏中金属粉末含氧量高。

预防对策：选择满足要求的焊膏。

3）焊膏受潮、使用回收焊膏或使用过期失效焊膏。

预防对策：回到室温后使用焊膏，制定焊膏使用条例。

### 3. 焊料量不足与虚焊或断路

焊点高度达不到规定要求，会影响焊点的机械强度和电气连接的可靠性，严重时会造成虚焊或断路。

造成焊料量不足与虚焊或断路的原因分析如下。

1）整体焊膏量过少的原因如下：

① 模板厚度或开口尺寸不够；开口四壁有毛刺；喇叭口向上，脱模时带出焊膏。

② 焊膏滚动（转移）性差。

③ 刮刀压力过大，尤其橡胶刮刀过软，切入开口，带出焊膏。

④ 印刷速度过快。

预防对策：

① 加工合格的模板，模板喇叭口向下，增加模板厚度或扩大开口尺寸。

② 更换焊膏。

③ 采用不锈钢刮刀。

④ 调整印刷压力和速度。

⑤ 调整基板、模板、刮刀的平行度。

2）个别焊盘上的焊膏量过少或没有焊膏的原因如下。

① 漏孔被焊膏堵塞或个别开口尺寸小。

② 导通孔设计在焊盘上，焊料从孔中流出。

预防对策：

① 清除模板漏孔中的焊膏，印刷时经常擦洗模板底面。若开口尺寸小，应扩大开口尺寸。

② 修改焊盘设计。

3）器件引脚共面性差，翘起的引脚不能与相对应的焊盘接触。

预防对策：运输和传递 SOP、QFP 时不要破坏外包装，人工贴装时不要碰伤引脚。

4）PCB 变形，使大尺寸 SMD 器件引脚不能完全与焊膏接触。

预防对策：

① PCB 设计要考虑长、宽和厚度的比例。

② 大尺寸 PCB 再流焊时应采用底部支撑。

### 4. 吊桥和移位

吊桥是指两个焊端的表面组装元件经过再流焊后，其中一个端头离开焊盘表面，整个元件呈斜立或直立，呈石碑状，又称墓碑现象或曼哈顿现象；移位是指元器件端头或引脚离开焊盘的错位现象。图 5-40 为吊桥和移位图片。

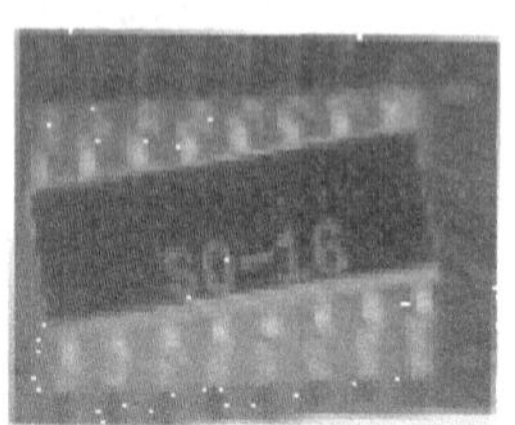

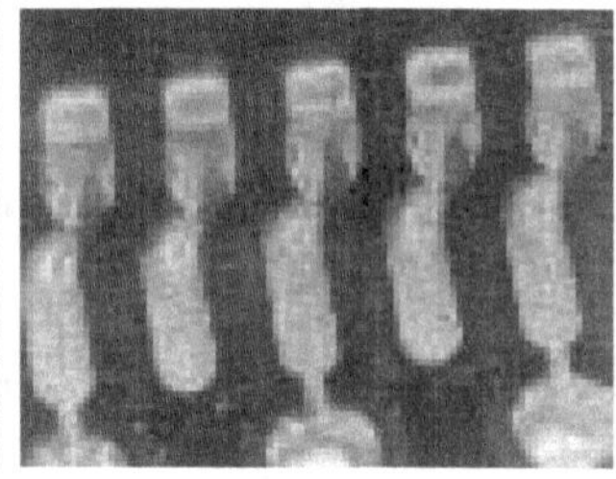

图 5-40　吊桥与移位图片

吊桥和移位原因分析如下。

（1）PCB 设计

两个焊盘尺寸大小不对称，焊盘间距过大或过小，使元件的一个端头不能接触焊盘。

预防对策：按照 Chip 元件的焊盘设计原则进行设计，注意焊盘的对称性、焊盘间距＝元件长度－两个电极的长度＋K [0.25±0.05）mm]。

（2）贴片质量

位置偏移；元件厚度设置不正确；贴片头 Z 轴高度过高（贴片压力小），贴片时元件从高处扔下造成。

预防对策：提高贴装精度，精确调整首件贴装坐标，连续生产过程中发现位置偏移时应及时修正贴装坐标；设置正确的元件厚度和贴片高度。

（3）元件质量

焊端氧化或被污染或端头电极附着力不良。焊接时元件端头不润湿或端头电极脱落。

预防对策：严格来料检验制度，严格进行首件焊后检验，每次更换元件后也要检验，发现端头问题及时更换元件。

（4）PCB 质量

焊盘被污染（有丝网、字符、阻焊膜或氧化等）。

预防对策：严格来料检验制度，对已经加工好 PCB 的焊盘上的丝网、字符可用小刀轻轻刮掉。

（5）印刷工艺

两个焊盘上的焊膏量不一致。

预防对策：清除模板漏孔中的焊膏，印刷时经常擦洗模板底面。如开口过小，应扩大开口尺寸。

（6）传送带振动

传送带振动会造成元器件位置移动。

预防对策：传送带太松，可去掉 1～2 节链条；检查入口和出口处导轨衔接高度和距离是否匹配；人工放置 PCB 要轻拿轻放。

（7）风量过大

预防对策：调整风量。

## 5. 焊点桥接或短路

桥接又称连桥。元件端头之间、元器件相邻的焊点之间及焊点与邻近的导线、过孔等电气上不该连接的部位被焊锡连接在一起（桥接不一定短路，但短路一定是桥接），如图 5-41 所示。其原因及预防对策如表 5-2 所示。

## 6. 焊锡球

焊锡球又称焊料球、焊锡珠。是指散布在焊点附近的微小珠状焊料，如图 5-42 所示。其原因及预防对策如表 5-3 所示。

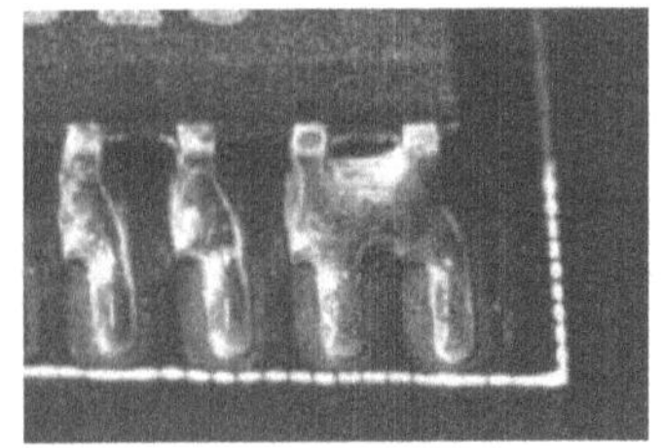

图 5-41　桥接

**表 5-2　桥接原因及预防对策**

| 桥接原因分析 | 预防对策 |
| --- | --- |
| 焊锡量过多：可能由于模板厚度与开口尺寸不恰当；模板与印制板表面不平行或有间隙 | 1）减薄模板厚度或缩小开口或改变开口形状；<br>2）调整模板与印制板表面之间距离，使接触并平行 |
| 由于焊膏黏度过低，触变性不好，印刷后塌边，焊膏图形粘连 | 选择黏度适当、触变性好的焊膏 |
| 印刷质量不好，焊膏图形粘连 | 提高印刷精度并经常清洗模板 |
| 贴片位置偏移 | 提高贴装精度 |
| 贴片压力过大，焊膏挤出量过多，使图形粘连 | 提高贴片头 $Z$ 轴高度，减小贴片压力 |
| 由于贴片位置偏移，人工拨正后使焊膏图形粘连 | 提高贴装精度，减少人工拨正的频率 |
| 焊盘间距过窄 | 修改焊盘设计 |
| 总结：在焊盘设计正确、模板厚度及开口尺寸正确、焊膏质量没有问题的情况下，应通过提高印刷和贴装质量来减少桥接现象 | |

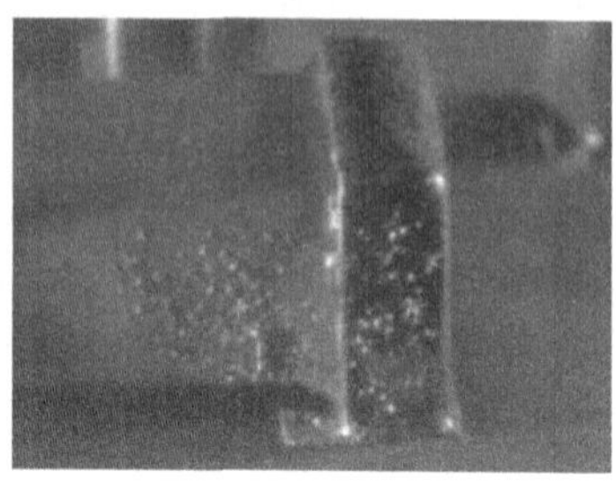

图 5-42 焊锡球

**表 5-3 焊锡球的原因及预防对策**

| 产生焊锡球的原因分析 | 预防对策 |
|---|---|
| 焊膏本身质量问题：微粉含量高；黏度过低；触变性不好 | 控制焊膏质量，小于 20μm 微粉颗粒应少于 10% |
| 元器件焊端和引脚、印制电路基板的焊盘氧化或污染，或印制板受潮 | 严格来料检验，如印制板受潮或污染，贴装前应清洗并烘干 |
| 焊膏使用不当 | 按规定要求执行 |
| 温度曲线设置不当：升温速率过快，金属粉末随溶剂蒸气飞溅形成焊锡球；预热区温度过低，突然进入焊接区，也容易产生焊锡球 | 温度曲线和焊膏的升温斜率和峰值温度应基本一致。160℃前的升温速度控制在 1～2℃/s |
| 焊膏量过多，贴装时焊膏挤出量多：或模板厚度开口大；或模板与 PCB 不平行或有间隙 | 1）加工合格模板；<br>2）调整模板与印制板表面之间距离，使接触并平行 |
| 刮刀压力过大、造成焊膏图形粘连；模板底面污染，粘污焊盘以外的地方 | 严格控制印刷工艺，保证印刷质量 |
| 贴片压力过大，焊膏挤出量过多，使图形粘连 | 提高贴片头 Z 轴高度，减小贴片压力 |

7. 气孔

分布在焊点表面或内部的气孔、针孔，或称空洞。其原因及预防对策见表 5-4。

**表 5-4 产生气孔原因及预防对策**

| 气孔原因分析 | 预防对策 |
|---|---|
| 焊膏中金属粉末的含氧量高或使用回收焊膏、工艺环境卫生差、混入杂质 | 控制焊膏质量，制定焊膏使用条例 |
| 焊膏受潮，吸收了空气中的水汽 | 达到室温后才能打开焊膏的容器盖，控制环境温度在 20～26℃，相对湿度在 40%～70% |
| 元器件焊端、引脚、印制电路基板的焊盘氧化或污染，或印制板受潮 | 元器件先到先用，不要存放在潮湿环境中，不要超过规定的使用日期 |
| 升温区的升温速率过快，焊膏中的溶剂、气体蒸发不完全，进入焊接区产生气泡、针孔 | 160℃前的升温速度控制在 1～2℃/s |
| 注意：前三个都会引起焊锡熔融时焊盘、焊端局部不润湿，未润湿处的助焊剂排气及氧化物排气时产生空洞 | |

8. 焊点高度接触或超过元件体（吸料现象）

焊接时焊料向焊端或引脚跟部移动，使焊料高度接触元件体或超过元件体，如图 5-43 所示。其原因及预防对策如表 5-5 所示。

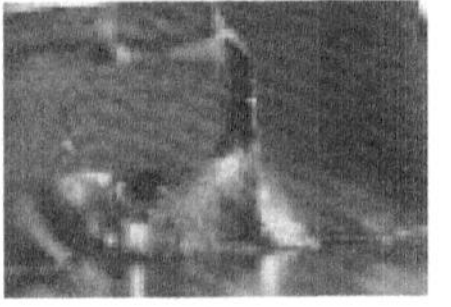

图 5-43　吸料现象

表 5-5　焊点过高原因及对策

| 焊点过高原因分析 | 预防对策 |
| --- | --- |
| 焊锡量过多：可能由于模板厚度与开口尺寸不恰当；模板与印制板表面不平行或有间隙 | 1）减薄模板厚度或缩小开口尺寸或改变开口形状；<br>2）调整模板与印制板表面之间距离，使接触并平行 |
| PCB 加工质量问题或焊盘氧化、污染（有丝网、字符、阻焊膜或氧化等），或 PCB 受潮。焊料熔融时由于 PCB 焊盘润湿不良，在表面张力的作用下，使焊料向元件焊端或引脚上吸附（又称吸料现象）。另一种解释是，由于引脚温度比焊盘处温度高，熔融焊料容易向高温处流动 | 严格来料检验制度，把问题反映给 PCB 设计人员及 PCB 加工厂；对已经加工好 PCB 的焊盘上如有丝网、字符，可用小刀轻轻刮掉；如印制板受潮或污染，贴装前应清洗并烘干 |

9. 锡丝

锡丝是元件焊端之间、引脚之间、焊端或引脚与通孔之间的微细锡丝。其原因及预防对策如表 5-6 所示。

表 5-6　锡丝原因及对策

| 锡丝原因分析 | 预防对策 |
| --- | --- |
| 如果发生在 Chip 元件体底下，可能由于焊盘间距过小，贴片后两个焊盘上的焊膏粘连 | 扩大焊盘间距 |
| 预热温度不足，PCB 和元器件温度比较低，突然进入高温区，溅出的焊料贴在 PCB 表面而形成 | 调整温度曲线，提高预热温度 |
| 焊膏中助焊剂的润湿性差 | 可适当提高一些峰值温度或加长回流时间或更换焊膏 |

10. 元件裂纹或缺损

元件体或端头有不同程度的裂纹或缺损现象，如图 5-44 所示。其原因及预防对策见表 5-7。

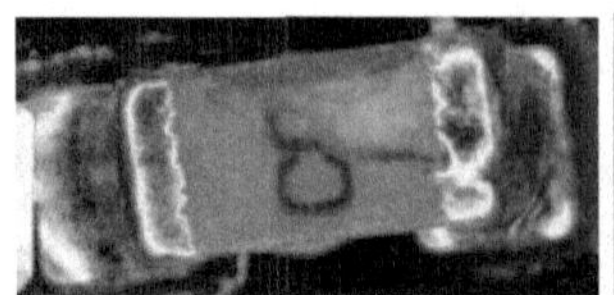 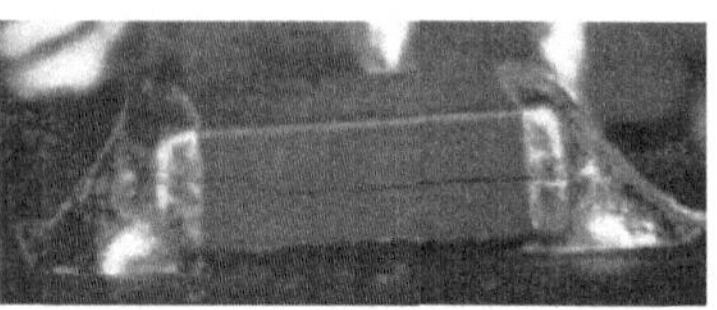

图 5-44　裂纹与缺损

**表 5-7　元件裂纹或缺损原因及对策**

| 元件裂纹或缺损原因分析 | 预防对策 |
|---|---|
| 元件本身的质量 | 制定元器件入厂检验制度，更换元器件 |
| 贴片压力过大 | 提高贴片头 Z 轴高度，减小贴片压力 |
| 再流焊的预热温度或时间不够，突然进入高温区，由于击热造成热应力过大 | 调整温度曲线，提高预热温度或延长预热时间 |
| 峰值温度过高，焊点突然冷却，由于击冷造成热应力过大 | 调整温度曲线，冷却速率应小于 4℃/s |

### 11．元件端头镀层剥落

元件端头电极镀层不同程度剥落，露出元件体材料。其原因及预防对策如表 5-8 所示。

**表 5-8　端头镀层剥落原因及对策**

| 端头镀层剥落原因分析 | 预防对策 |
|---|---|
| 元件端头电极镀层质量不合格 | 可通过元件端头可焊性试验判断，如质量不合格，应更换元件 |
| 元件端头电极为单层镀层时，没有选择含银的焊膏——铅锡焊料熔融时，焊料中的铅将厚膜钯银电极中的银食蚀掉，造成元件端头镀层剥落，俗称“脱帽”现象 | 一般应选择三层金属电极的片式元件。单层电极时，应选择含银 2%的焊膏，可防止蚀银现象 |

### 12．元件侧立

元件侧立就是元件从旁边（侧边）树立起来，如图 5-45 所示。其原因及预防对策如表 5-9 所示。

**表 5-9　元件侧立原因及预防对策**

| 元件侧立原因分析 | 预防对策 |
|---|---|
| 由于元件厚度设置不正确或贴片头 Z 轴高度过高，贴片时元件从高处扔下造成侧立 | 设置正确的元件厚度，调整贴片高度 |
| 拾片压力过大引起供料器振动，将纸带下一个孔穴中的元件侧立 | 调整贴片头 Z 轴拾片高度 |

### 13．元件面贴反

元件面贴反即片式元器件的字符面向下，如图 5-46 所示。其原因及预防对策见表 5-10。

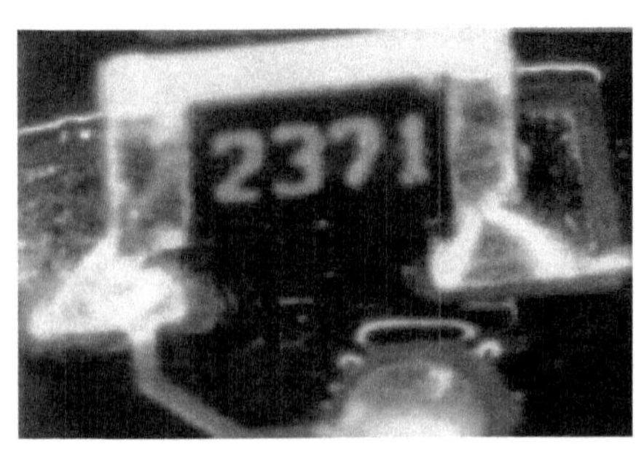


图 5-45　元件侧立

图 5-46　元件面贴反

### 14. 冷焊

冷焊又称焊锡紊乱，焊点表面呈现焊锡紊乱痕迹。其原因及预防对策如表 5-11 所示。

**表 5-10　元件面贴反原因及预防对策**

| 元件面贴反原因分析 | 预防对策 |
| --- | --- |
| 由于元件厚度设置不正确或贴片头 $Z$ 轴高度过高，贴片时元件从高处扔下造成翻面 | 设置正确的元件厚度，调整贴片高度 |
| 拾片压力过大引起供料器振动，将纸带下一个孔穴中的元件翻面 | 调整贴片头 $Z$ 轴拾片高度 |

**表 5-11　冷焊原因及预防对策**

| 冷焊原因分析 | 预防对策 |
| --- | --- |
| 由于传送带振动，冷却时受到外力影响，使焊锡紊乱 | 检查传送带是否太松，可调大轴距或去掉 1～2 节链条；检查电动机是否有故障；检查入口和出口处导轨衔接高度和距离是否匹配。人工放置 PCB 时要轻拿轻放 |
| 由于回流温度过低或回流时间过短，焊料熔融不充分 | 调整温度曲线，提高峰值温度或延长回流时间 |

### 15. 焊锡裂纹

焊锡裂纹即焊锡表面或内部有裂缝。其原因及预防对策如表 5-12 所示。

**表 5-12　焊锡裂纹原因及预防对策**

| 焊锡裂纹原因分析 | 预防对策 |
| --- | --- |
| 峰值温度过高，焊点突然冷却，由于击冷造成热应力过大。在焊料与焊盘或元件焊端交接处容易产生裂纹 | 调整温度曲线，冷却速率应小于 4℃/s |

### 16. 其他不良问题

还有一些肉眼看不见的缺陷，例如，焊点晶粒大小、焊点内部应力、焊点内部裂纹等，这些要通过 X 光、焊点疲劳试验等方法才能检测到。这些缺陷主要与温度曲线有关。例如，冷却速度过慢，会形成大结晶颗粒，造成焊点抗疲劳性差，但冷却速度过快，又容易产生元件体和焊点裂纹；又如，峰值温度过低或回流时间过短，由于不能生成一定厚度的金属间合金层，导致焊点结合强度差，严重时会产生焊料熔融不充分和冷焊现象，但峰值温度过高或回流时间过长，又会增加共界金属化合物的产生，使焊点发脆，影响焊点强度，如超过 240℃，还会引起损坏元器件、PCB 变形、变质，影响产品性能和寿命。

## 5.8 再流焊技术的新发展

### 1. 无铅再流焊技术

根据欧洲议会和欧盟理事会关于在电子电气设备中限制使用某些有害物质的指令法案，要求自 2006 年 7 月 1 日起在欧盟市场上禁止销售含有铅等 6 种有害物质的电子电气设备。“绿色制造”的无铅化工艺已成不可逆转的发展潮流。

无铅化工艺发展至今已有多年的时间，中国的很多电子产品制造商在积极进行的从有铅焊接向无铅焊接的转换进程中积累了大量宝贵的经验。现在，无铅工艺日趋成熟，大多数制造商的工作重点已从简单地能够实施无铅生产转变为如何从设备、材料、质量、工艺和能耗等多方面考虑全面提高无铅焊的工艺水平。

无铅回流焊工艺是当前表面贴装技术中最重要的焊接工艺，它已在包括手机、计算机、汽车电子、控制电路和通信等许多行业得到了大规模的应用。越来越多的电子原器件从通孔转换为表面贴装，回流焊在相当范围内取代波峰焊已是焊接行业的明显趋势。

在 SMT 生产线中，对于贴片机而言，无铅与有铅相比，并没有对设备本身提出新的要求；对于丝网印刷机而言，由于无铅与有铅锡膏在物理性能上存在着些许差异，因此对设备本身提出了一些改进的要求，但并不存在质的变化；无铅的挑战的重点在于回流焊炉。

有铅锡膏（$Sn_{63}Pb_{37}$）的熔点为 183℃，如果要形成一个好的焊点就必须在焊接时有 0.5～3.5μm 厚度的金属间化合物生成，金属间化合物的形成温度为熔点以上 10～15℃，对于有铅焊接而言也就是 195～200℃。线路板上的电子原器件的最高承受温度一般为 240℃。因此，对于有铅焊接，理想的焊接工艺温度为 195～240℃。

无铅焊接由于无铅锡膏的熔点发生了变化，因此为焊接工艺带来了很大的变化。目前常用的无铅锡膏为 $Sn_{96}Ag_{0.5}Cu_{3.5}$，熔点为 217～221℃。好的无铅焊接也必须形成 0.5～3.5μm 厚度的金属间化合物，金属间化合物的形成温度也在熔点之上 10～15℃，对于无铅焊接而言也就是 230～235℃。由于无铅焊接电子原器件的最高承受温度并不会发生变化，因此，对于无铅焊接，理想的焊接工艺温度为 230～240℃。

工艺窗口的大幅减少为保证焊接质量带来了很大的挑战，也对无铅焊接设备的稳定性和可靠性带来了更高的要求。由于设备本身就存在横向温差，加之电子原器件由于热容量的大小差异在加热过程中也会产生温差，因此在无铅回流焊工艺控制中可以调整的焊接温度工艺窗口范围就变得非常小。

无铅不只是焊接材料的问题，还涉及设计、元器件、PCB、设备、工艺、可靠性、成本等方面的挑战。

（1）无铅工艺与有铅工艺比较

我们在实施无铅工艺前，首先要了解无铅工艺的特点，掌握正确的工艺方法，这样才能确保无铅工艺顺利实施。下面将无铅工艺与有铅工艺的做一下比较。表 5-13 为两种焊接方式的比较。

（2）无铅再流焊接的特点

从无铅焊接工艺和无铅焊点两方面分析，主要有以下特点。

**表 5-13　有铅和无铅工艺比较**

<table>
<tr><th>比较项目</th><th>有铅工艺</th><th>无铅工艺</th></tr>
<tr><td>设备方面</td><td>印刷、贴片、焊接、检测</td><td>只有焊接设备有特殊要求</td></tr>
<tr><td>焊接机理<br>工艺流程<br>工艺方法</td><td colspan="2">相同</td></tr>
<tr><td>元器件</td><td rowspan="3">有铅</td><td rowspan="3">无铅</td></tr>
<tr><td>PCB</td></tr>
<tr><td>焊接材料</td></tr>
<tr><td>温度曲线<br>焊点</td><td>工艺窗口大<br>湿润性好</td><td>温度高。工艺窗口小湿润性差</td></tr>
</table>

1）无铅工艺温度高，熔点比传统有铅共晶焊料高 30℃左右。

2）延展性下降，不存在长期劣化问题。

3）焊接时间在 4s 左右。

4）拉伸强度、初期强度和后期强度都比共晶焊料优越。

5）耐疲劳性强。

6）对助焊剂的热稳定性要求高。

7）缺陷多。

（3）正确设置无铅再流焊温度曲线

鉴于无铅回流焊的这些特点，技术上要解决的主要问题是再流溶融温度范围内，尽可能小地减小被焊元器件之间的温度差，确保热冲击不影响元器件的寿命。解决办法是先用多温区、高控温精度的氮气保护回流焊炉，精确调试回流焊曲线。因此，在无铅回流焊的设计中，在各独立温区尺寸减小的同时增加温区数目，增加助焊剂分离及回收装置。

（4）再流焊曲线调试应注意的方面

1）提高预热温度。无铅回流焊接时，回流焊炉的预热区温度应比锡/铅合金再流的预热温度要高 30℃左右，在 170～190℃（传统的预热温度一般在 140～160℃），提高预热区温度的目的是为了减少峰值温度以减少元器件间的温度差。

2）延长预热时间。适当延长预热时间，预热太快一方面会引起热冲击，不利于减少在形成峰值再流温度之前，元器件之间的温度差。因此，适当延长预热时间，使被焊元器件温度平滑升到预定的预热温度。

3）延长再流区梯形温度曲线。延长再流区梯形温度曲线。在控制最高再流温度的同时，增加再流区温度曲线宽度，延长小热容量元器件的峰值时间，使大、小热容量的元器件均达到的要求的回流温度，并避免小元器件的过热。

4）调整温度曲线的一致性。测试调整温度曲线时，虽然各测试点的温度曲线有一定的离散性，不可能完全一致，但要认真调整，使其各测试点温度曲线尽量趋向一致。

2. 过程控制

工艺功能是目前电子组装行业的重点，开发出控制组装工艺过程的能力，能以最低成本达到所要求的质量。实时工艺数据能够即时反馈工艺的优良状况，采用过程控制可以实现零缺陷制造。

过程控制的目的是以尽可能低的成本达到所要求的质量。应用现代过程控制手段，就可以降低废品率，降低返修成本，提高设备无故障时间几率，提高生产率和降低保修成本。

在此之前，过程控制主要集中于对缺陷的检测来提高质量；而现在，控制最根本的内涵是对各种工艺进行连续监控，并寻找出不符合要求的偏差。过程控制是一种获得影响最终结果的特定操作中相关数据的能力，一旦潜在的问题出现时，就可实时地接收相关信息，采取纠正措施，立即将工艺调整到最佳状况。

传统的机器控制与生产过程控制之间存在着差别。以再流焊炉为例，其加热器中装有一些热电偶和一个编码器来控制传送机的传送速度。如果将加热器的温度设置为 200℃，当温度开始往下降，热电偶就可探测出温差，并反馈给再流焊炉控制器提高热输出量，反之亦然。但这并不是实际的工艺控制信息，由于电路板的质量、传送机的速度、炉子各区的温度、气流等的不同，进入炉子的印制电路板（PCB）的温度曲线也不同。因此，监控实际工艺过程数据，才算是真正的工艺过程控制。

在再流焊工艺控制中，也就意味着要对制造的每块板子的热曲线进行监控。一种能够连续监控再流焊炉的自动管理系统，能够在实际发生工艺偏移之前，指示其工艺是否偏移失控，这种系统即自动再流焊管理（ARM）系统。此系统把连续的 SPC 方块图、线路平衡网络、文件编制和产品跟踪组成完整的软件包，并能自动实时检测工艺数据，作出判断来影响产品成本和质量。

自动再流焊管理系统的基本功能是精确地自动检测和搜集通过炉子的产品数据，这种功能可以提供下列功能。

1）不需要验证工艺曲线。

2）对零缺陷生产提供实时反馈和报警。

3）自动搜集再流焊工艺数据。

4）提供再流焊工艺的自动 SPC 图表和工艺性能（Cpk）变量报警。

### 3. 双面再流焊

双面板工艺越来越多地被采用，并且变得更加复杂。它给设计者提供更大、更灵活的设计空间。双面板加强了 PCB 的实际利用率，降低了制造成本。双面板经常采用的工艺是上面过再流焊炉，下面过波峰焊炉，双面都过再流焊炉是一种新的趋势，但工艺上有一些不足，比如二次再流时的掉件现象，焊点的重新熔化影响可靠性问题。

今后几年内，无论是在数量上还是在复杂程度上，高密度的双面板都将有一个长远的发展。双面板工艺虽不简单，但许多问题都已在逐步解决之中。

### 4. 通孔再流焊

通孔再流焊（也称插入式或带引针式再流焊）工艺在最近一段时期内应用得越来越广泛，因为它可以省去波峰焊工序，或在混装板（SMT 与 THT）时用到。

通孔再流焊有焊接质量好、不良率低、设备占地面积少等优点。通孔式的接插件有较好的焊点机械强度，通孔再流焊技术虽可利用现有的 SMT 设备来组装通孔式的接插件，但在许多产品中，表面贴装式的接插件不能提供足够的机械强度；而且在大面积的 PCB 上，由于平整度的关系，很难使表面贴装式的接插件的所有引脚都与焊盘有一个牢固的接触。

好的工艺可以用来处理通孔再流焊，但存在有以下问题：

1）通孔再流焊工艺焊膏用量特别大，助焊剂挥发后形成的残留物很多，造成对机器的污染，所以助焊剂管理系统尤为重要。

2）许多通孔元器件（尤其是接插件）并非设计成可以承受再流焊高温的元器件。要得到良好的焊接效果，问题的关键在于：一是要确保通孔再流焊基板各部份的焊膏量都恰到好处，否则会出现填锡不足；二是注意那些不能承受温度变化与遮蔽效应的元器件。

通孔再流焊工艺发展的主要方向为工艺的完善与器件的改良。红外再流焊炉（IR）不能用于通孔再流焊，因为它没有考虑到热传递效应对于大块元器件与几何形状复杂的元器件（如有遮蔽效应的元器件）的不同。强制热风再流焊炉有着极高的热传递效率，可用于通孔再流焊。

### 5. 连续柔性板再流焊

处理表面贴装柔性基板的焊接问题，通常采用热压焊技术。现在一种特殊的处理贴装有 SMT 元器件连续柔性板的炉子已开发出来，与普通再流焊炉最大不同点是这种炉子特殊的处理柔性基板的导轨。

这种再流焊炉可同时满足已连续式的柔性 PCB 与分离式 PCB 的焊接需要。在处理分离式 PCB 基板时，炉中的流量与前几段工位的状况无依赖关系，再流焊炉的工作连续性并不受前道工序的影响。但是对于成卷连续的柔性板，它在整条线上是连续的，生产线任何一个特殊问题的停顿就意味着全线必须停顿，使柔性基板带停止传递。这就产生一个特殊问题：停在炉内的柔性基板会因高温而遭到损坏。因此，这种特殊的再流焊炉必须具备应变随机停顿的能力，继续处理完该段柔性板，并在全线恢复连续运转时回到正常工作状态。

6. 温度曲线优化技术

目前高速发展的（MEMS）微机电系统器件、光电电路板（EOCB）、SOC（片上系统）等组件或系统级器件，对当前的 SMT 组装系统和技术提出了严峻的挑战。不断增加的组装密度产生了很多的产品质量问题。传统的再流焊温度曲线确定方法已不能适应这一要求，甚至很难完成，加上快速发展的无铅焊接工艺又减少了工艺窗口，使这一问题难上加难，因而使用计算机技术对再流焊焊接工艺进行仿真的方法得到了广泛的关注。这种方法可以大大缩短工艺准备时间，降低实验费用，提高焊接质量，减小焊接缺陷。

通过使用 PCB CAD 数据的产品模型结构建立再流焊工艺仿真模型，可以替代传统的在线参数设置过程，甚至可以用来在生产前确保 PCB 设计与再流焊工艺的的兼容性，指导可制造性设计（DFM）。该仿真模型也可以消除使用热电偶测试时无法覆盖全部产品区域的缺陷。

通过建立的 PCB 组件模型求解器和构建的再流焊炉模型，对于特定的工艺设置可以较精确地预测 PCB 组件的再流焊温度曲线。在仿真过程中，建立的模型可以预测再流焊过程中 PCB 组件的温度及其上面任意点的温度变化过程。使用该方法在 PCB 设计阶段来进行新产品的工艺优化，可以相当简便地确保产品设计与工艺设备的相容性。

7. AART 工艺

近年来，AART（Alternative Assembly and Reflow Technology）工艺引起 PCB 组装业的兴趣。AART 工艺可以同时进行通孔元件和表面贴装元件的再流焊，省去波峰焊和手工焊。AART 工艺次序相比传统的工艺有更少的成本、周期和缺陷率，它的使用可以减少焊接工序。

AART 必须考虑到材料、设计和影响它的工艺因素，其中包括选择合适的焊膏，决定所需的焊膏沉淀量，推荐模板开孔设计参数、使用的元器件材料。插入方式（自动或手动）和再流焊温度曲线是非常重要的工艺参数，因为它们影响最终效果。

一个决策系统（Decision Support Systerm，DSS）可以帮助工程师来实施 AART 工艺。DSS 系统可以预测孔填充量（参数包括刮刀类型、印刷压力、印刷速度、孔径、刮刀角度、板厚度），估算所需沉淀的焊膏量（参数包括焊膏金属含量、合金成分、助焊剂密度、模板厚度和孔径、印刷参数、焊盘直径、板厚、引脚特征），设计相关的模板孔径，优化再流焊工艺参数（参数包括预热温度、峰值温度、预热时间、液相线以上停留时间、温度爬升、冷却速率等）。通过 AART 工艺，可以建立复杂的 PCB 组装工艺。

以上介绍了 7 种再流焊技术的发展，除此之外的垂直烘炉技术、氮气保护及各种再流焊新设备的出现，对 SMT 技术的发展提供了保障。SMT 生产技术的改变、新材料的使用，都对再流焊工艺提出新的挑战。对于再流焊技术，新的热传导方式、控制方式是发展趋势，用最低的成本得到好的质量是永恒的真理，再流焊技术也会随着全球电子信息技术的发展得到更大的生存发展空间。

## ——练 习 题

1. 什么是再流焊？
2. 简述再流焊的工艺流程。
3. 再流焊机主要由哪几部分构成？
4. 顶盖升起系统的作用是什么？
5. 全热风再流焊机和红外再流焊机有何不同？
6. 再流焊机的主要传动方式有几种？
7. 再流焊炉温度曲线设置的依据是什么？
8. 简述再流焊机温度曲线设置的原理。
9. 再流焊设备常见的故障有哪些？应该如何进行维护？
10. 简述激光再流焊的工作原理。
11. 再流焊常见的缺陷有哪些？
12. 再流焊技术主要有哪些新发展？

# 第6章 AOI工艺技术

自动光学检测（Automatic Optic Inspection，AOI），是基于光学原理来对焊接生产中遇到的常见缺陷进行检测的设备。在生产线中，一般配置于锡膏印刷机之后，做锡膏检测之用；也可配置于回流焊之后，做焊接质量检测之用。

## 6.1 AOI 工艺概述

当前 PCB 的制造成本不断下降，因此良品率就成为许多 PCB 制造商维持竞争力的重要要素，而要获得高的良品率，需要有良好的制造控制能力，也就是检测技术。因为产品需求的增加和 SMT 技术发展日趋成熟，当前 PCB 产品向着超薄型、小元件、高密度、细间距方向发展。早期依赖人工目检产品的做法已经无法满足需求，不能完全适应当今制造技术的进步。严格而又准确的检测技术，对提高良品率有着至关重要的作用。AOI 技术就是为适应这一环镜而诞生的。

AOI 诞生之初，经历了目视检测、放大镜检测、台式光学仪器检测、2D 自动光学仪器检测、3D 自动光学仪器检测、离线自动光学仪器检测和在线自动光学仪器检测等历程。

图 6-1 所示为阿立德公司生产的一款在线式 AOI。

1. AOI 的定义

自动光学检测仪是应用于表面贴装生产流水线上的一种自动光学检查装置，可有效地检测印刷质量、贴装质量及焊点质量。通过使用 AOI，作为减少缺陷的工具，在装配工艺的过程中，进行早期查找和消除错误，以实现良好的过程控制。早期发现 PCB 板的缺陷可避免将不良品送到后级的工序中，利用 AOI 设备，可减少修理成本，避免出现报废、无法修理的 PCB 电路板。

AOI 的主要特点如下：

1）AOI 高速检测系统不受 PCB 贴装密度的影响。

2）具有快速便捷的编程系统，图形化界面。

3）针对不同的检测项目，结合光学成像处理技术，分别有不同的检测方法（检测算法）。

4）被检测元件的贴装位置有偏移时，检测窗口会自动化定位显示，达到高精度检测。

5）能显示实际错误的图像，方便工人进行最终的目视核对。

6）能统计 NG 数据，并分析导致不良的原因，实时反馈工艺信息。

### 2. AOI 在 SMT 生产线中的应用

目前的 AOI，分为离线式 AOI（图 6-2）和在线式 AOI（图 6-1）两种。

图 6-1 在线式 AOI

图 6-2 离线式 AOI

选择使用在线 AOI 还是离线 AOI，因不同需求而异，需根据生产的实际情况权衡。如果是小批量、多型号，转线频繁的厂家，采用离线式 AOI 是最佳选择，因为检测速度可以满足 1.5 条高速贴片线的需要，且易搬动，可以灵活应对任何工序的检查需要。在线式 AOI 往往固定于某一工序位中，对 PCB 板进行检查，一般应用于长期固定的品种检测，节省程序调试的时间，提高了设备的使用率和稳定性。

AOI 在 SMT 生产线中的应用，具体体现在三个方面，如图 6-3 所示。

（1）放置在锡膏印刷机之后

在 SMT 生产过程中，焊膏印刷质量将直接影响元器件的焊接质量。例如，焊膏缺失将导致元器件开焊，焊膏桥接将会导致焊接短路，焊膏坍塌将导致元器件虚焊等缺陷。通常来说，有缺陷的焊接均来源于有缺陷的锡膏印刷。在焊锡膏印刷机之后使用 AOI 设备，可以容易、经济地清除掉 PCB 上的焊接缺陷。大多数 AOI 的检测系统，能监控锡膏的偏移、歪斜、不足的印刷区域、溅锡和短路等情况。

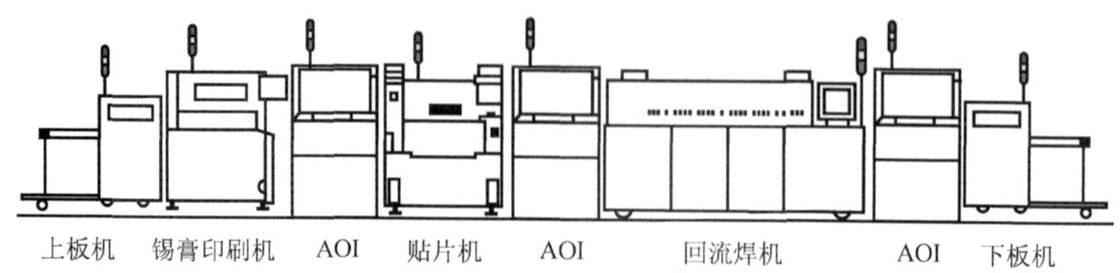


图 6-3　AOI 在 SMT 生产线中的应用

（2）放置在贴片机后

放置在贴片机后，能对贴片工序质量进行检测，可检测元件贴错、元件移位、元件贴反（如电阻翻面）、元件侧立、元件丢失、极性错误、贴片压力过大造成焊膏图形之间粘连等情况。

（3）放置再流焊之后

再流焊之后是 PCB 板上元件焊接不良的集结处，是整个 SMT 生产线生产工艺水平的集中反映。AOl 放置在再流焊炉后，可检测元件贴错、元件移位、元件贴反（如电阻翻面）、元件丢失、极性错误、焊点润湿度、焊锡量过多、焊锡量过少、漏焊、虚焊、桥接、锡珠（引脚之间的锡珠）、元件翘起（立碑）等焊接缺陷。因此，在这里放置 AOI 设备是非常必要的。

至于应该将 AOI 应用在哪一工序，应该根据元件和工艺的类型、对产品可靠性的要求进行确定。如果 PCB 板要大量使用 BGA、芯片级封装（CSP）或者倒装芯片元件，就需要将检测系统应用到印刷后和片式贴装后，以发挥其最大的功效。

对运用在航空航天、医学及安全产品（汽车气囊）领域的 PCB 来说，由于对质量要求十分严格，则要求在生产线上的许多地方都进行检测，尤其是在片式贴装和炉后。大部分时候应在锡膏印刷机之后、再流焊之后放置 AOI，因为放在贴片机后、在焊接前检测 PCB，可能会导致元件位移，造成不必要的工艺重复，且易引起锡膏、元件损失。

## 6.2 AOI 基本结构

AOI 设备是由计算机控制的设备，集合光、电、气及机械原理为一体的自动化检测设备。AOI 设备种类很多，这里我们以常见的离线式 AOI 为例，了解 AOI 设备的硬件结构。

AOI 检测设备的硬件结构主要分为 6 个部分，如图 6-4 所示。

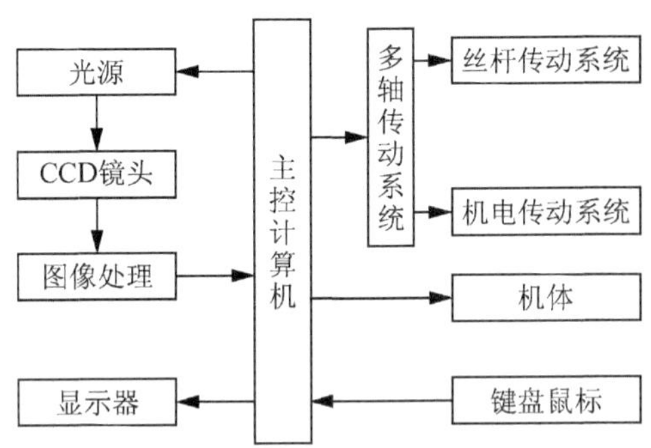


图 6-4 AOI 设备硬件结构

1. 主控计算机

AOI 上的主控计算机外观如图 6-5 所示。AOI 设备开发之初，计算机属于稀有资源，考虑到设备的稳定性，以及 AOI 设备对对接端口的特殊要求，市面上的早期 AOI 设备几乎清一色的是工业控制计算机，简称工控机。

近年来，随着计算机技术的发展，特别是 USB 2.0 的普及，以及国内计算机硬件稳定性的发展，计算机部分的配置基本上向商用计算机看齐。

2. CCD 镜头

AOI 设备上的 CCD 镜头如图 6-6 所示。AOI 上使用的照相机，按摄取图像的模式分为线阵照相机和面阵照相机。

图 6-5 主控计算机

图 6-6 CCD 镜头

线阵照相机是逐行扫描方式取像的。采用这类照相机的 AOI 的优点是，检测的速度相对较快，检测过程中没有停顿现象，节约时间；缺点是检测单块小板时它的检测速度相对慢一些，图像还原性较差，打光的角度难以调整，误判率比较高。

面阵照相机是采用一幅幅的图片拍摄方式取像的。优点是图像的还原性较好，打光角度容易调整，容易得到较清晰的图像，因而市面上的 AOI 绝大多数使用面阵照相机。

### 3. 光源

AOI 设备上的光源，是 AOI 设备的眼睛，光源的好坏是决定 AOI 检测能力强弱的关键部件。目前，国内 AOI 供应商在 AOI 设备上使用的是三色同轴塔状光源，如图 6-7 所示。

图 6-7　三色同轴塔状光源

三色同轴塔状光源的优点是，图像较清晰，容易辨别。国外 AOI 设备厂商使用的大部分是单色同轴塔状光源。而前面提到的线阵照相机配置的 AOI 检测设备，使用的是普通荧光灯光源，目前使用较少。

### 4. 丝杆传动系统

AOI 设备的传动系统，一般由丝杆和导轨组成，如图 6-8 所示。丝杆分为两种，铸造型丝杆和研磨型丝杆。铸造型丝杆加工方便，价格便宜；而研磨型丝杆加工精度高，成本高，一般用在对检测精度要求高的 AOI 设备上。

### 5. 机电传动系统

AOI 使用的机电传动系统目前主要是电动机，分为线性电动机、伺服电动机和步进电动机三种。

线性电动机精确度高，价格昂贵，使用较少。伺服电动机如图 6-9 所示，它的精确度仅次于线性电动机，是目前 AOI 检测设备的首选。步进电动机的精确度较低，但价格十分便宜，对检测精度要求不高的场合和企业，在配置 AOI 设备的时候可采用步进电动机。

图 6-8　丝杆与导轨

图 6-9　伺服电动机

### 6. 机体

机体是 AOI 设备所有部件的载体，也叫机壳或机架等，作用比较单一，是固定 AOI 设备部件，实现 AOI 检测功能的硬件结构载体。

## 6.3 AOI 的原理

AOI 技术经过十几年的发展，技术水平仍处于高速发展阶段，如何实现最佳的检测效果，一直是各 AOI 厂商不断攻关的技术难题。

目前 AOI 品牌众多，各有所长，不同品牌的 AOI 优势主要体现在，其不同的核心技术——软件算法，因为图像处理部分需要很强的软件支持，PCB 板存在各种缺陷，故需要用不同的软件，通过计算机进行计算和判断。有的 AOI 软件有几十种计算方法，如黑/白、求黑占白的比例、彩色、合成、求平均、求和、求差、求平面、求边角等。通常采用的软件算法有，模板比较、边缘检查、灰度模型、特征提取、固态建模、矢量分析、图形配对和傅里叶氏分析等，但尽管算法各异，AOI 的运作原理基本相同。

### 1. AOI 设备的运作原理

AOI 设备的运作原理流程如图 6-10 所示。

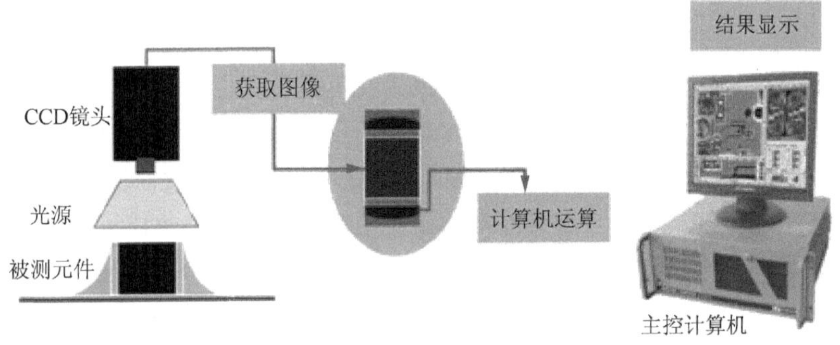


图 6-10　AOI 运作原理

由图 6-10 可以看出，塔状的光源给被测元件予以 360° 全方位照明，然后利用高清晰的 CCD 镜头，高速获取被测元件的图像，并传输到计算机，专用的 AOI 软件根据已经编制的检测程序进行比较、分析，判断被检测元器件是否符合预订的工艺要求。简单来说，AOI 设备检测元器件的过程，就是模拟工人目视检查 SMT 元器件的过程，将人工目视检测自动化、智能化和程序化。

2. AOI 检测的光学原理

（1）AOI 检测所使用的光源

目前，常见的 AOI 都采用环形塔状的三色 LED 光源作照明，光源由不同的角度射出红（R）、绿（G）、蓝（B）光，三色光组合得到白色光（W），光分别投射到 PCB 上，对被测元器件予以 360° 全方位照明。

（2）灯光变化的智能控制原理

人认识物体是通过光线反射量进行判断的，光反射量多为亮，光反射量少为暗。AOI 与人判断物体原理相同。AOI 通过人工光源 LED 灯光代替自然光，光学透镜和 CCD 代替人眼，把光源的反射量，与已经编好程的标准进行比较、分析和判断，然后得出结果。

对 AOI 来说，光源是认识影像的关键，但其受环境温度、AOI 设备内部温度等因素影响，不能维持不变，因此需要通过“自动跟踪”灯光“透过率”，对灯光变化进行智能控制。

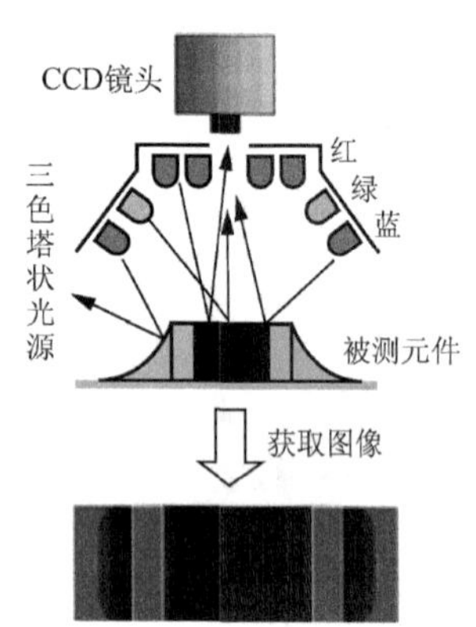

图 6-11　AOI 光学原理示意图

（3）元件本体、焊点、焊盘对光的反射情况

通过光的垂直反射、斜面反射、漫反射，分别得到元件本体、焊点和焊盘的不同颜色信息，如图 6-11 所示。

焊盘对光的反射情况。焊盘的表面光滑，红色光在其表面产生镜面反射，而大部分蓝色光则产生非镜面反射，因此焊盘得到的颜色为红色或者黄白色。

元件本体对光的反射情况。蓝色与黄色光都在其表面产生漫反射，根据调色原理，蓝色与黄色调和得到白色光，相当于元件本体接受了白色光照，因此显示为本身的颜色。

焊点对光的反射情况。焊点（锡膏）通常形成一个斜面，大部分黄色的光通过斜面反射出去，而蓝色的光则通过反射进入镜头，所以得到的焊点颜色为蓝色或者灰黑色。

3. AOI 焊点检测原理

根据 AOI 工作的光学原理，当环形塔状的三色 LED 光源照射在焊点上时，焊点每个部位会呈现出不同的颜色，原因是三种颜色的灯光分别在不同的角度照射，不同位置的焊点对不同颜色的灯光的反射是不一样的，因而在镜头得到了一组颜色变化的图像。

（1）三种不同颜色的光源在焊点上的反射情况

三种不同颜色的光源在焊点上的反射情况，即不同颜色的光源在焊点的拍摄效果如表 6-1 所示。

根据以上原理，坡度自水平到垂直所拍摄的图像效果分别为红色、黄色（红色＋绿色）、绿色、青色（绿色＋蓝色）、蓝色，亮度变化则从亮到暗。

表 6-1　不同光源在焊点的拍摄效果

| 光源 | 拍摄效果 |
| --- | --- |
| 红色 LED | 1）红色光的位置。分布在光源的最上方，其作用区域为水平区域和坡度平缓区域。<br>2）反射情况。在水平区域和坡度平缓区域时，对红色 LED 发出的光反射最强烈，所以该区域显示的图像效果为红色 |
| 绿色 LED | 1）绿色光的位置。分布在光源的中间一层，其作用区域为坡度适度的区域。<br>2）反射情况。在坡度适度的区域，对绿色 LED 发出的光反射最强烈，所以该区域显示的图像效果为绿色 |
| 蓝色 LED | 1）蓝色光的位置。分布在光源的最下方，其作用区域是坡度陡的区域。<br>2）反射情况。在坡度陡的区域，对蓝色 LED 发出的光反射最强烈，所以该区域显示的图像效果为蓝色 |

（2）焊点的检测原理

焊点的检测原理，是指图像的检测处理算法。ALeader AOI 的检测算法包括图像统计原理、灰阶处理算法和图像色彩分析技术。

图像统计原理是 ALeader AOI 独有的一种有效的检测算法，几乎所有的检测都会用到该算法，该算法就是利用正常样本的累计和色彩比对，来进行检测和判断的。

灰阶处理算法是指亮度分析和统计算法，该算法包括最大值算法、最小值算法、亮度跨度算法、均值算法和亮度抽取算法。

图像色彩分析技术是指分析和处理图像颜色的方法，主要是通过图像的色彩分布和色彩特征来进行检测和判断，主要包括色彩抽取算法、波峰焊插件算法、红胶分析算法、孔洞分析算法等。

正常的焊点实物在 AOI 里面形成对应的图像，如图 6-12 所示。

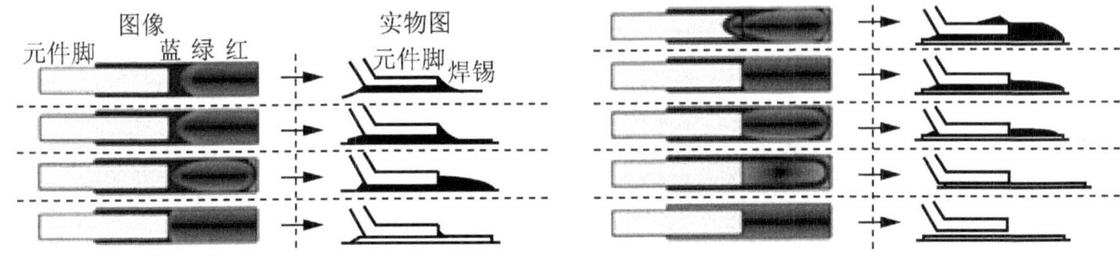


图 6-12　焊点实物图与 AOI 图像对应示意图

# 6.4 AOI 常用检测算法及其应用

AOI 检测算法，就是指图像处理技术，它能够反映 AOI 设备检测的能力。AOI 的检测算法有图像统计建模算法、灰阶处理算法和图像色彩分析算法等。

1. 常用算法

（1）图像统计建模算法

图像统计建模算法为 ALeader AOI 专用的检测算法，几乎应用在所有检测领域。AOI 统计建模是通过学习一系列 OK 样板，观察图像变化，并结合所有 OK 图像中看到的视觉偏差，找出元件外形变化和未来可能的变化方式的特征，来增强系统识别 OK 与 NG 图像的能力。其在检测算法中的算法标志为“OTHER”。在学习 OK 样板过程中，主要解决如下三个问题。

1）元件外形应该像什么？

即元件的尺寸、形状、颜色和表面图案等。

2）元件会发生什么样的变化？

即元件的自然尺寸、形状、颜色和表面图案等变化规律。

3）元件外形会变化多少？

即元件的尺寸、形状、颜色、表面图案等变化多少是合理的。

最后得到的是一个综合了上述元素的，介于 OK 与 NG 之间，用于测试的标准模型。

（2）色彩抽取算法

色彩抽取算法就是指抽取符合设定色度范围和亮度范围的图像抽取算法，主要用于抽取图像的色彩特征。色彩抽取算法，就是指“亮度抽取算法＋色度抽取算法”。首先，待测色彩点必须符合亮度特征，即待测色彩点的亮度必须处于标准亮度范围（亮度下限，亮度上限）；其次，待测色彩点的色度必须符合色度特征，即待测色彩点的色度要处于标准色度范围。该算法在 AOI 检测算法中的算法标志为“TOC”，主要应用于少锡、空焊、错件、缺件、锡少、露铜等方面缺陷的检测。

色彩抽取算法的判定，就是指符合标准亮度并且符合标准色度范围的色彩点占检测区域的比例，是否符合标准范围。

色彩抽取算法中，在图像上表示为色度三角形。该色度三角形在色彩抽取算法中起着重要的辅助作用，色度三角形示意图如图 6-13 所示。

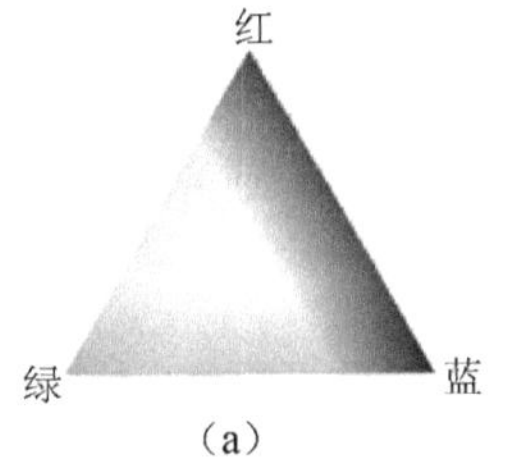

（a）

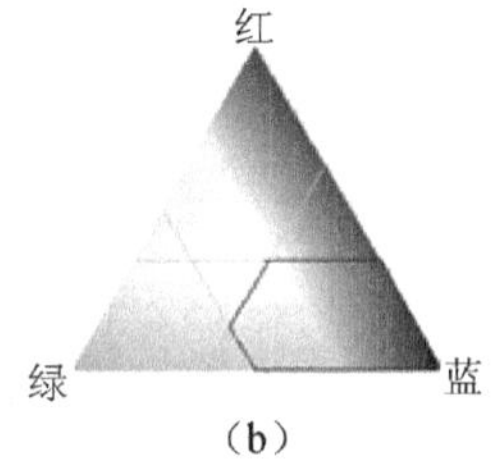

（b）

图 6-13　色度三角形示意图

图 6-13（a）表示色度三角形，该三角形可以表示任意的色度范围，如炉后焊锡中的“少锡”等。图 6-13（b）表示色度范围，红色色度范围为（0，60），绿色色度范围为（0，90），蓝色色度范围为（65，180）。

色彩抽取算法，能够通过改变其参数转化为亮度抽取算法和色度抽取算法。

亮度抽取算法，将标准范围中的红、绿、蓝的色度范围都设定为（0，180），仅通过标准亮度范围来抽取符合亮度的色彩点，如图 6-14（a）所示。

色度抽取算法，将标准范围中的亮度范围设定为（0，255），通过其色度范围来抽取符合色度的色彩点，如图 6-14（b）所示。

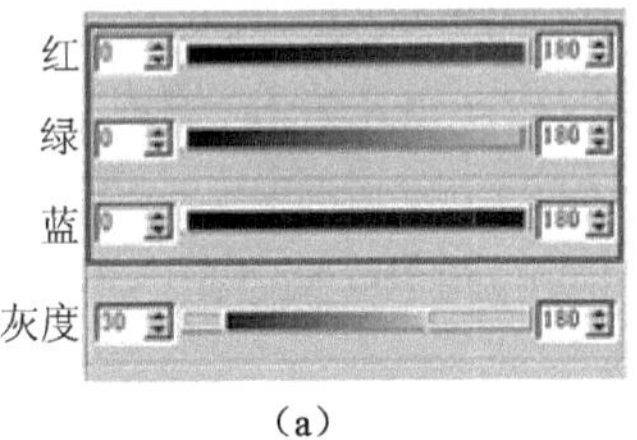

（a）

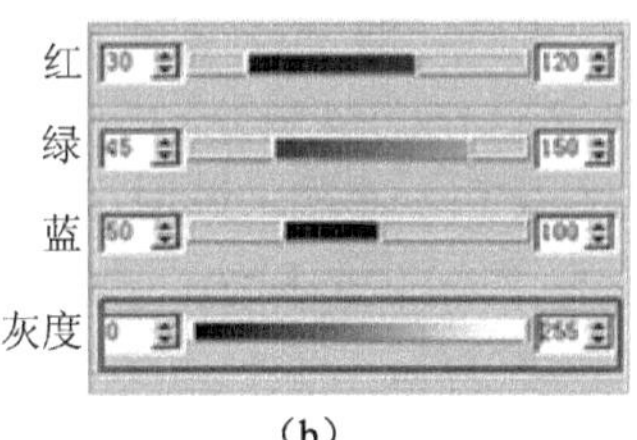

（b）

图 6-14　色度参数示意图

（3）直方图统计算法

直方图统计算法，就是指通过统计检测区域内的亮度分布或者亮度变化，来判断和检测待测点是否符合标准范围灰阶要求的一种处理分析算法。该算法包括最大值（Max）算法、最小值（Min）算法、亮度跨度（Range）算法和平均值算法。其在检测算法中的算法标志为“Histogram”。

1）最大值算法是指检测区域内，获取亮度最大的 N%的亮度点的亮度平均值的一种灰阶统计算法。例如，目标区域攻击 1000 个亮度点，亮度值最大的 5%的亮度点，即 50 个亮度点，该 50 个点的亮度均值为 200，则最大值算法的返回值为 200，图像的最大值为 200。该算法主要用于异物等缺陷方面的检测。

2）最小值算法是指检测区域内，获取亮度最小的 N%的亮度点的亮度平均值的一种灰阶统计算法。例如，目标区域攻击 1000 个亮度点，亮度值最小的 5%的亮度点，即 50 个亮度点，该 50 个点的亮度均值为 20，则最大值算法的返回值为 20，则图像的最大值为 20。该算法主要用于异物等缺陷的检测。

3）亮度跨度算法是指检测区域内，统计最大值与最小值的亮度差异的一种灰阶统计算法。例如，目标区域的最大值为 200，最小值为 20，则亮度跨度为 180。该算法主要用于缺件等缺陷的检测。

4）平均值算法。就是指统计检测区域内，所有亮度点的平均亮度的一种灰阶统计算法，该算法主要用于缺件等缺陷的检测。

（4）OCV 算法

OCV 算法，是指通过分析和获取待测图像的轮廓线与标准样本的轮廓线相似程度的一种图像处理算法。该算法主要是分析轮廓，给出轮廓拟合程度，来检测和判定待测点。该算法主要用于错件、缺件等缺陷方面的检测。其在检测算法中的算法标志为“OCV”。

（5）Match 算法

Match 算法，是指通过分析待测图像的检测图像点和标准样本的检测图像点的相似程度的一种图像处理算法。该算法主要用于定位、错件、缺件等缺陷方面的检测。其在检测算法中的算法标志为“Match”。

（6）OCR 算法

OCR 算法，即字符识别算法，是专门针对字符识别和检测的一种有效的图像处理算法。OCR 算法的过程分为两步。首先，要训练足够的样本（8 个），生成标准字符库，供字符识别使用；其次，调用已生产的标准字符库，对待测字符进行识别，判定待测字符是否符合标准。OCR 算法，一般应用在重要元件的识别，如 BGA、QFP、SOP 等。

（7）短路算法

短路算法，是检测 ROI 区域之间是否发生链接的图像处理算法。短路算法在 AOI 中的检测方式可为分两种，分别是消除背景和保留背景。Aleader AOI 采用的为消除背景方式，检测两个检测点区域是否发生通路。短路算法在算法选择的标志是为“Short2”。

2. AOI 检测的主要项目

（1）少锡

少锡，主要用于炉后焊锡的检测。少锡的检测区域是焊点的爬锡区域，它检测焊点是否具备爬锡现象。爬锡区域的色彩特征为亮度低、色度偏蓝。如果焊点少锡，那么爬锡区域就会少，焊点的色彩特征为红色偏多，只有少部分绿色与蓝色区域，如图 6-15 所示。少锡的检测，采用的算法为“TOC 算法”。

（2）空焊

空焊，主要用于炉后焊锡的检测。空焊的检测区域是焊点的爬锡区域，它检测焊点是否发生空焊现象。空焊现象就是指焊点没有焊锡，仅是铜箔。空焊现象的色彩特征为亮度高、色度偏红，如图 6-16 所示。空焊的检测采用的算法为“TOC 算法”。

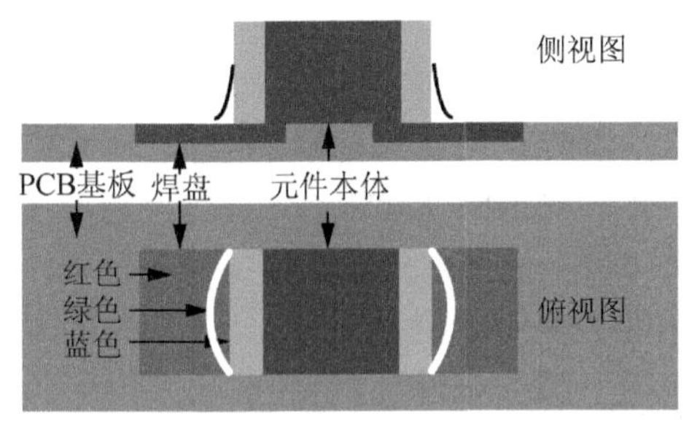

图 6-15 少锡色彩特征示意图

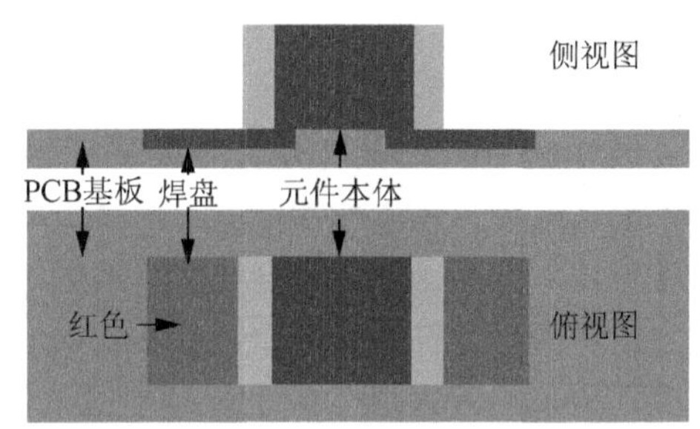

图 6-16 空焊色彩特征示意图

（3）错件

错件主要用于元件本体的检测，检测该元件是否发生错料。该检测项是 AOI 检测的常规检测项。错件可采用四种检测算法，分别为 TOC 算法、OCV 算法、Match 算法和 OCR 算法。每个错件的检测算法针对检测项目的偏重不一样。

TOC 算法类的错件检测，主要用于非字符类元件的错件检测，该类元件主要为片式电容。该类检测法是通过抽取元件的本体色，判断其是否改变，来检测元件的错件。其中元件的本体色参数无默认参数，是根据实际的本体色给出的色彩抽取参数的。

OCV 算法类的错件检测，主要用于清晰字符类的错件检测，该类元件主要为片式电阻。该类检测法通过获取待测字符轮廓与标准字符的字符轮廓的拟合程度，来判断元件是否发生错件。

Match 类检测算法，主要用于模糊字符类的错件检测，该类元件主要为二极管、晶体管、IC 等。该类检测算法主要通过获取待测字符区域与标准字符区域的相似程度，来判定元件是否发生“错件”。

OCR 类检测算法，主要用于重要部件的元件的检测，该类元件主要为 BGA、QFP、BGA 等。该类算法主要通过识别待测字符，判定待测字符是否与标准字符一致，来检测和判断是否发生错件。

（4）缺件

缺件主要用于检测元件本体是否存在，是 AOI 常规检测中不可或缺的检测项。该类检测采用的检测算法有 TOC、Match、OCV、OCR、Length、Histogarm 等检测算法。其中 TOC、Match、OCV、OCR 与错件的使用方法一致，图 6-17 所示为使用 TOC 算法时，缺件色彩特征示意图。

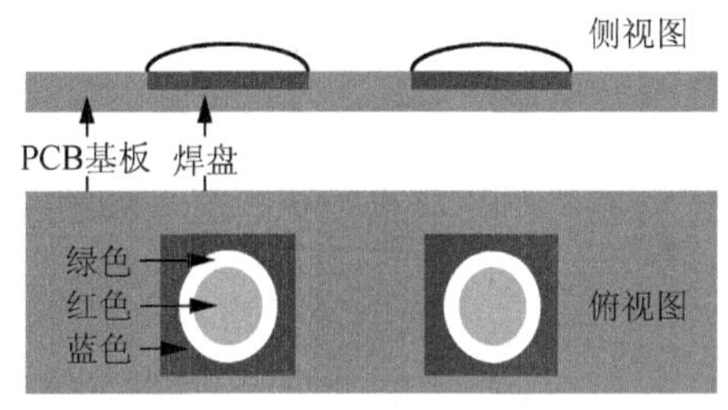

图 6-17 缺件色彩特征示意图

Length 算法，主要通过检测 Chip 件（电容）本体的长度或者电极的长度，来判断元件是否发生缺件。该算法检测主要用于炉前检测、红胶检测。

Histogram 类的检测算法，主要通过检测 Chip 件元件的焊点的亮度是否超出范围，来判断是否发生缺件。该类算法用于炉后检测。

（5）极性反

极性反是检测极性元件方向的必需检测项。检测极性反可选择的算法有 TOC、Match、OCV、OCR 和 Histogram 算法。其中 TOC、Match、OCV、OCR 的检测算法与错件一致。Histogram 类检测算法采用了最大值（最小值）来检测元件是否发生极性反现象。在极性元件中存在极性标识，该极性标志的亮度明显要大于（小于）元件的本体亮度，可采用最大值（最小值）来检测判断元件是否发生极性反。

（6）短路

短路检测是 AOI 检测中最常见的一种检测项。短路检测主要应用于 IC 类的 IC 脚之间的检测、波峰焊元件之间的检测等。短路检测采用的算法为“Short2”，该算法中分为“投影法”和“色彩抽取法”等两种检测方式，各种检测方式分别具备不同的检测意义。

投影法，主要检测 IC 类的短路，并且 IC 脚之间无白色丝印干扰。该类检测主要是检测 IC 脚之间的亮度是否发生变性变化（短路现象），如图 6-18 所示。

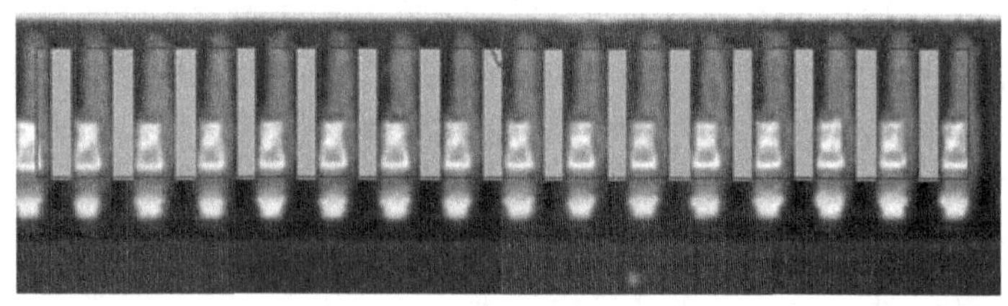

图 6-18　投影法检测短路原理

色彩抽取类短路检测，是通过消除检测区域之间的背景，以及分析检测区域之间是否存在非背景成分相连，来判定元件是否发生短路。该类检测是炉后 IC、波峰焊检测中最常用的短路检测算法。

## 6.5 AOI 设备的维护与保养

对 AOI 设备进行维护保养，可使机器更加稳定地运行，降低停机时间，提高产品品质，并能延长机器使用寿命。AOI 设备的维护保养一般分为日维护保养、周维护保养、月维护保养和年度维护保养。

### 1. 维护保养工具及耗材

AOI 设备的维护保养所使用的工具，一般包括真空吸尘器、精密水平仪、T 形六角螺钉旋具、刷子等，如图 6-19 所示。用到的耗材一般有酒精、无尘纸或无尘布、防锈剂、1 号黄油、10 号油等。

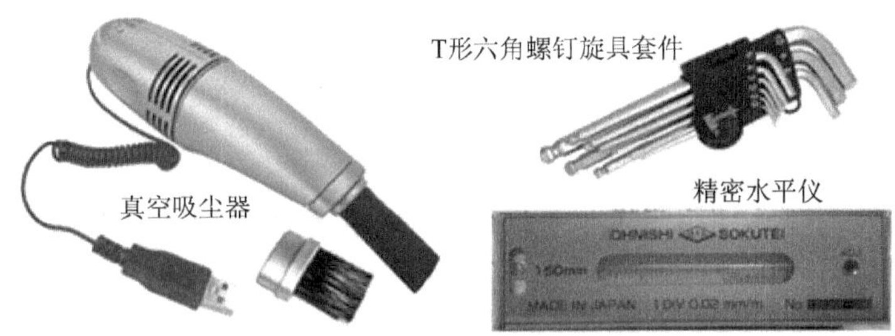


图 6-19　AOI 维护保养常用工具

2. 维护保养项目

（1）日维护保养

AOI 设备的日维护保养主要是：使用碎布清洁机器表面的尘土及污物。

（2）周维护保养

AOI 设备的周维护保养项目主要有：

1）检查及清洁各个传感器。

2）用无尘布清洁机器内部。

3）用无尘布清洁照相机并检查照相机。

4）检查传动带有无破损及传动带滑轮有无松动，必要时更换。

5）测试各项功能控制系统是否正常。

（3）月保养维护

AOI 设备的月维护保养项目主要有：

1）清洁所有防尘盖、控制箱和冷却风扇灰尘，擦净所有盖板油污。

2）检查活动部位的连线是否松动，如有松动请进行紧固。

3）检查传动带松紧度。

4）检查并校正（如有必要）传送传动带。

5）清洁机器风扇过滤器。

6）清洁 $X$、$Y$ 轴导轨并加一薄层 10 号油膜。

（4）年保养维护

AOI 设备的年维护保养项目主要有：

1）使用水平尺检查调整机器水平。

2）检查机器所有螺钉是否松动，如有紧固该部件。

3）校正机器参数和做备份。

4）清洁、润滑 PCB 传送轨道的导轨、丝杆。

5）对光源的校正。

6）对镜头的校验。

3. 维护保养注意事项

1）维护保养时不能使用风枪，因为风枪会把灰尘、碎屑等吹入设备台面内，附在丝杆、导轨或镜头上，影响设备的正常运作。

2）设备带电时禁止使用湿抹布擦拭，以免触电及腐蚀机壳。

3）对机器进行清洁及注油时必须关闭机器电源。

4）任何拆卸过的部件都必须做相应的校正。

5）保养完毕后需暖机。

6）不同部件使用的油必须正确，切勿混用。

7）月维护包括了周维护，周维护包括了日维护，所以当月维护和周维护一起进行时，保养记录只需做月维护的记录，依此类推。

8）保养后须填好维护保养记录表。

## 6.6 AOI 的发展趋势

1. AOI 的现状和不足

当前 AOI 技术分为两大类：图像对比和调试算法。国内的 AOI 厂商基本采用图像对比技术，其主要代表是神州视觉、振华兴等，该技术主要通过对拍摄的图像进行不间断地学习来判断检测。国外的设备基本采用调试算法，如 OMRON 采用的颜色分析、SAKI 的灰阶解析和 TRI 的灰阶解析等。

AOI 虽然具有比人工检测更高的效率，但毕竟是通过图像采集和分析处理来得出结果，需相关软件的技术支持，因此，在实际应用中，AOI 的误判、漏判在所难免。

目前 AOI 在使用中的主要问题有：

1）多焊、少锡、偏移、歪斜的工艺要求标准界定不同，容易导致误判。

2）电容容值不同而规格大小和颜色相同，容易引起漏判。

3）字符处理方式不同，引起的极性判断准确性差异较大。

4）大部分 AOI 对虚焊的理解发生歧义，造成漏判推诿。

5）存在屏蔽圈、屏蔽罩、屏蔽点难检测的问题。

6）BGA、FC 等倒装元件的焊接质量难以检测。

7）多数 AOI 编程复杂、烦琐且调整时间长，不适合科研单位、小型 OEM 厂，以及多规格、小批量产品的生产单位。

8）多数 AOI 产品检测速度较慢，有少数采用扫描方法的 AOI 速度较快，但误判、漏判率更高。

## 2. AOI 技术的发展趋势

无论采用哪种检查方法，最终目的是降低误判率，提高检测率。在未来的几年中，AOI 的检测算法将逐步精确，误报率将趋向于零，同时随着技术水平的提高，照相机的清晰度和传输速度的加快，AOI 的检测算法将会逐渐采用立体成像和立体算法，以避免平面检测所无法解决的难题。

（1）分类检测

AOI 在 SMT 流水线中放置的位置不同，检测的重点就不同，并且不同的元件，要检测的缺陷类型也不同。例如，焊点主要检测的就是有无锡膏，是否多锡、少锡等，元件本体就要检测是否缺件、偏移、错件等情况，带有丝印的还要做 OCV 检测，IC 元件则主要检测是否有桥接等，另外有一些晶体管就要有极性检测。这样不同的检测类型，就要选择不同的检测方法，不同的方法针对某种或者某几种缺陷类型才能提高检测效果，减少误判。

（2）多功能化检测

多功能化检测，主要是指 AOI 设备能进行 Bad Mark 的检测、拼板检测和 BarCode 码输入等功能。

AOI 要适应印刷机的变化，如某些印刷机可能是多板同时印刷，像阴阳板这样的情况就会比较常见，检测的时候，AOI 的程序就需要两个或者多个 PCB 的检测程序同时运行，才能达到要求。还有一些 PCB 板用条形码来标记，那么就需要 AOI 加入 barcode 功能来识别这些条形码。这些功能都是为了适应 SMT 行业的变化和要求。

（3）AOI 与 SPC 进一步相结合

SPC 主要是应用统计技术，对生产过程进行实时监控，科学的区分出生产过程中产品质量的随机波动与异常波动，从而对生产过程的异常趋势及时提出报警，以便生产管理人员及时发现异常，采取对策，做到防患于未然，减少或避免坏品的产生，以达到提高产品品质、节约成本的目的，所以 SPC 数据也是衡量产品质量的一个重要数据。

SPC 是控制产品质量的技术，AOI 是检测产品质量的工具，如何根据 AOI/SPC 数据建立一个实时工艺控制（Real-Time Process Control，RPC）系统，达到 AOI/SPC 结合的闭环控制和 SMT 的全自动生产工艺，是一个非常吸引人的问题。现在一般的 AOI/SPC 功能仅仅考虑了 NG 元件的类型和数量等的数据分析，还需要 AOI 与 SPC 进一步的结合。需要考虑 SPC 还需要统计哪些数据，怎样分析这些数据，以及根据这些数据如何调整 SMT 流程等一系列复杂的问题，同时，还需要考虑包括远程控制等其他方面的技术问题。

（4）真正的彩色图像处理技术

当前，AOI 虽然使用 3CCD 的照相机来抓取的彩色图像，但大部分的算法只提取了颜色中的部分信息（如灰度）来进行图像的识别，将 RGB 颜色空间的三个通道分别处理后再合成，或者将 RGB 空间转化成为 HSI 空间或其他颜色空间后，再转换回 RGB 颜色空间。这些方法对彩色图像的处理效果都不是很明显，因为 RGB 颜色空间三通道之间的相关性很高，到目前为止，人类对大脑的颜色处理机制还处于一个试验和探索阶段，目前已成为图像处理技术一个难题。因此，如何充分利用 RGB 三颜色通道的信息，是彩色图像处理的关键，也是 AOI 技术的一个飞跃。

（5）AOI 技术向智能化方向发展

AOI 技术向智能化方向发展是 SMT 发展带来的必然要求，在 SMT 的微型化、高密度化、快速组装化和品种多样化发展特征下，检测信息量大且复杂，无论是在检测反馈实时性方面，还是在分析、诊断的正确性方面，依赖人工对 AOI 获取的质量信息进行分析、诊断几乎已经不可能，代替人工进行自动分析、诊断的智能 AOI 技术成为发展的必然。

现在，采用焊点形态图形识别和专家系统分析的智能化 AOI 系统已经出现，它基于焊点形态理论，方法与自动视觉检测类似，即利用光学系统和图像处理措施，在线实测已成形焊点的形态，由计算机将所获取的焊点实际形态与分析评价专家系统库存的合理形态进行比较，快速识别超出容许形态范围的故障焊点，并利用智能技术对其故障类型和故障原因进行自动分析评价，形成工艺参数优化调整实时控制信息，进行焊点质量实时反馈控制，并对分析评价信息进行记录统计处理，该方面的研究工作国内外都在进行之中。

（6）拓展应用

目前，市面上所见的 AOI 基本上只应用于 SMT/SMD。但 ALeader AOI 因为其独特的计算方法可以运用在其他的外观检测方面，如键盘的字符检测、铆钉检测和针脚检测等。让 AOI 不再局限于 SMT 应用，这将是 AOI 未来的必然发展方向和流行趋势。

## 练习题

1. 什么叫 AOI？AOI 设备有哪些特点？
2. AOI 在生产线中的应用，主要体现在哪三个方面？
3. AOI 检测设备，由哪六大部分组成？
4. AOI 设备的运用原理是怎样的？
5. AOI 设备对焊点的检测原理是怎样的？
6. 什么叫图像统计建模算法？
7. AOI 设备检测的项目主要有哪些？
8. AOI 设备月保养的项目主要有哪些？
9. AOI 设备维护保养的注意事项有哪些？

# 附录 1

# YAMAHA 贴片机操作说明

1．YAMAHA 贴片机各部件的名称及作用

（1）主机

1）主电源开关（Main Power Switch）：开启或关闭主机电源。

2）视觉显示器（Vision Monitor）：显示移动镜头所得的图像或元件和记号的识别情况。

3）操作显示器（Operation Monitor）：显示机器操作的 VIOS 软件屏幕，如操作过程中出现错误或有问题，在这个屏幕上也显示纠正信息。

4）警告灯（Warning Lamp）：指示贴片机在绿色、黄色和红色时的操作条件。

绿色：机器在自动操作中。

黄色：错误（回归原点不能执行、拾取错误、识别故障等）或联锁产生。

红色：机器在紧急停止状态下（机器或 YPU 停止按钮被按下）。

5）紧急停止按钮（Emergency Stop Button）：按此按钮马上触发紧急停止。

（2）工作头组件（Head Assembly）

工作头组件：在 *XY* 方向（或 *X* 方向）移动，从供料器中拾取零件和贴装在 PCB 上。

工作头组件移动手柄（Movement Handle）：当伺服控制解除时，可用手在每个方向移动，当用手移动工作头组件时通常用这个手柄。

（3）视觉系统（Vision System）

移动镜头（Moving Camera）：用于识别 PCB 上的记号或照位置或坐标跟踪。

独立视觉镜头（Single-Vision Camera）：用于识别元件，主要是那些有引脚的 QPF。

背光部件（Backlight Unit）：当用独立视觉镜头识别时，从背部照射元件。

激光部件（Laser Unit）：通过激光束可用于识别零件，主要是片状零件。

多视像镜头（Multi-Vision Camera）：可一次识别多种零件，加快识别速度。

（4）供料平台（Feeder Plate）

带装供料器、散装供料器和管装供料器（多管供料器），可安装在贴片机的前或后供料平台。

（5）轴结构（Axis Configuration）

*X* 轴：移动工作头组件跟 PCB 传送方向平行。

*Y* 轴：移动工作头组件跟 PCB 传送方向垂直。

*Z* 轴：控制工作头组件的高度。

*R* 轴：控制工作头组件吸嘴轴的旋转。

*W* 轴：调整运输轨的宽度。

（6）运输轨部件（Conveyor Unit）

1）主挡板（Main Stopper）。

2）定位针（Locate Pins）。

3）Push-in Unit（入推部件）。

4）边缘夹具（Edge Clamp）。

5）上推平板（Push-up Plate）。

6）上推顶针（Push-up Pins）。

7）入口挡板（Entrance Stopper）。

（7）吸嘴站（Nozzle Station）

允许吸嘴的自动交换，总共可装载 16 个吸嘴，7 个标准和 9 个可选吸嘴。

（8）气源部件（Air Supply Unit）

包括空气过滤器、气压调节按钮、气压表。

（9）输入和操作部件（Data Input and Operation Devices）

1）YPU（YAMAHA Programming Unit）编程部件。

Ready 按钮：异常停止的解除和伺服系统发生作用。

2）键盘（Keyboard）各键的作用。

F1：用于获得目前选项的帮助信息。

F2：PCB 生产转型时使用。

F3：转换编制目标（元件信息、贴装信息等）。

F4：转换副视窗（形状、识别等信息）。

F5：用于跳至数据地址。

F6：辅助调整时使用。

F7：设定数据库。

F8：视觉显示实物轮廓。

F9：照位置。

F10：坐标跟踪。

Tab：各视窗间转换。

Insert，Delete：改变副视窗各参数。

↑ ↓ →←：光标移动及文页上下移动。

Space Bar（空档键）：操作期间暂停机器（再按解除暂停）。

**注意：**

1）掌握各部件的名称，跟机器实物对照，能指出各个部件的名称及基本作用。

2）当发生紧急情况时，能指出应按哪个按钮，知道警告灯的状态及操作显示器的显示情况。

2. YAMAHA贴片机的环境要求

1）室温应为24℃左右，温度太低或太高都将对机器的机械运动部分和控制箱的控制模块产生不良影响。

2）车间是封密无尘的，当空气中灰尘较多时，它们也会影响到机械运动部分和传感器灵敏度。

3）贴片机周边不能有产生较大机械振动和电磁干扰的其他设备，以免影响贴片机的正常工作。

3. YAMAHA贴片机的电压要求

1）HYPER系列、YVI2U/Ⅱ、YV100、YVL80/88、YV64/YV64D/YV100/HSD等为单相AC 200（1±10%）V，50Hz。

2）YV112Ⅲ、YV100Ⅱ、YVL88Ⅱ等为三相AC 380（1±10%）V，50Hz。

3）通过对变压器接线的改变，单相电压适用范围为（220～240）（1±10%）V，三相电压范围为（200～416）（1±10%）V。

4. YAMAHA贴片机对PCB板的要求

1）尺寸。最小：L50mm×W50mm；最大：L457mm×W407mm。

其最大尺寸会因机器型号或安装的选择不同而不同。

2）厚度。0.6～2.0mm，根据PCB的材料也有变化。

3）其他要求。PCB板向上或向下的变形最大不超过1mm。

5. YAMAHA贴片机操作的安全要求

贴片机作为高科技产品，安全、正确地操作对机器和对人都是很重要的。

安全地操作贴片机最基本的就是操作者应有最准确的判断，应遵循以下的基本安全规则：

1）机器操作者应接受正确方法下的操作培训。

2）检查机器，更换零件或修理及内部调整时应关电源（对机器的检修都必须要在按下紧急按钮或断电源情况下进行。

3）确使“读坐标”和进行调整机器时YPU（编程部件）在操作员手中以随时停机动作。

4）确使“联锁”安全设备保持有效以随时停止机器，机器上的安全检测等都不可以跳过、短接，否则极易出现人身或机器安全事故。

5）生产时只允许一名操作员操作一台机器。

6）操作期间，确使身体各部分如手和头等在机器移动范围之外。

7）机器必须正确接地（真正接地，而不是接零线）。

8）不要在有燃气体或极脏的环境中使用机器。

**注意：**

1）未接受过培训者严禁上机操作。

2）安全第一，机器操作者应严格按操作规范操作机器，否则可能造成机器损坏或危害人身安全。

3）机器操作者应做到小心、细心。

# 附录 2

# 全自动印刷机英汉对照

| | |
|---|---|
| AUTO PRINT | 自动印刷 |
| Teach | 示教菜单 |
| File | 文件管理菜单 |
| LOAD FILE | 装入程序 |
| Utilies | 应用菜单 |
| LOAD BOARD | 装入 PCB 板 |
| STENCIL HEIGHT | 模板高度检测 |
| LEVEL SUPEEGEE | 校准刮刀水平 |
| CYCLE SQUEEGEE | 刮刀前后位置切换 |
| Maintenece | 维护菜单 |
| RESET | 机器复位 |
| VISION ADJUST | 图像调整 |
| CHANGE PAPER | 换纸操作 |
| CLEAR FAULT | 清除错误 |
| FRAME CLAMP | 夹紧/松开钢网 |
| SQUEEGEE CLAMP | 夹紧/松开刮刀 |
| CYCLE WIPER | 清洁纸运动 |
| Print stroke starting in front（back） | 刮刀印刷方向 |
| Remove board from the track | 清除导轨上的 PCB 板 |
| Out of paper | 缺纸报警 |
| Out of solvent | 缺溶剂报警 |
| Solder paste | 锡膏 |
| Stencils | 模板 |
| Squeegees | 丝印刮板 |
| Snap off | 脱开 |
| Loading Board | 基板搬入 |

| | |
|---|---|
| Locating Board | 基板定位 |
| Vision Alignment | 视觉系统对位 |
| Z Tower UP | 印刷平台上升 |
| Slow Snap-Off | 慢速脱模 |
| Z Tower Down | 印刷平台下降 |
| Unloading Board | 基板搬出 |

# 附录 3

# 雅马哈/富士表面贴装机英汉对照

1. 机型：Yamaha 100x

界面菜单功能键：

| | |
|---|---|
| Operation/M | 操作机器 |
| Data/M | 机器数据 |
| Mainte/M | 机器维护、机器保养 |
| Shell/M | 机器设置内容框架 |
| Mode | 模式 |
| Command List | 命令菜单 |
| Running | （机器）运转 |
| PRD DATA | 生产数据 |
| PRD History | 生产历史数据 |
| Manual | 手动操作（机器） |
| Exit | 退出程序、退出设置 |
| Condition | 状态、条件、情况 |
| Monitor | 监控机器运行资料 |
| Initialize | 最初数据，首先步骤 |
| Skip & Exit | 跳过程序&退出程序 |
| Stop running | 停止运行 |
| Auto running【RUN】 | 自动运行 |
| Step running【SPACE】 | 单步运行 |
| XY-TABLE ON/OFF | 机器暂停运作 |
| PCB TBL ON/OFF | 生产完一片 PCB 停止运作 |

| | |
|---|---|
| PRD condition | 生产状态 |
| Use VAC CHK | 使用真空检测 |
| Use Align | （贴装零件）使用视觉系统 |
| Speed 100 | 生产速度 100 |
| Running Condition | 运行状态 |
| PCB Fiducial : Use | 使用 PCB 基准点 |
| Block Fiducial : Not Use | 连扳基准点不使用 |
| PCB Badmark : Not Use | 基板不良 MARK 点不使用 |
| Block Badmark: Not Use | 连扳不良 MARK 点不使用 |
| Vacuum Check: Check | 真空检测：检测 |
| Alignment : Use Align | 排列：（贴装零件）使用视觉系统 |
| PCB Fix Device : Edge Clamp | 基板固定装置：夹边 |
| Conv Time | 传送时间 |
| Mount : Exec | 贴装：执行 |
| Running Condition Editor | 运行状态下编辑程序、运行状态下修改程序 |
| Retry Seq : Block | 按顺序重试：连扳 |
| Move Cursor to select item,【Esc】 to abort,【Enter】to finish | 移动光标选择项目,【Esc】键中止,【Enter】键完成 |
| Auto running Monitor | 自动运行监控 |
| Scroll Monitor | 滚动监控 |
| Monitor Sequence | 按顺序监控 |
| Monitor I/O | 监控输入讯息/输出讯息 |
| Monitor Products | 监控产量 |
| Monitor Vision | 监控视觉显示 |
| Monitor Retry | 监控重试 |
| Monitor BigNum | 监控大的数量 |
| Monitor Conveyor | 监控传送轨道 |
| Return | 返回原菜单 |
| Warm up | 暖机 |
| INIT.SEVRO ORIGIN | 机器回归原点 |
| Assistant Utility | 辅助实用 |
| Conveyor Units | 传送带设置 |
| Component Assignment | （生产时）零件分配/零件排列（情况） |
| Required Nozzles | （生产时）所使用的吸嘴 |
| Edit Tray counter | 编辑托盘数量、编辑盘装零件取料的对应位置 |
| Edit PRD History | 编辑（更改）生产历史 |
| Feed Bulk Component | 进散装零件 |

| | |
|---|---|
| Check Nzl Condition | 检查吸嘴状况 |
| Push up | 往上推 |
| Locate pin | 设置定位梢 |
| PCB Clamp | 夹住基板 |
| Edge Clamp | 夹边（夹住基板边缘） |
| Push in | 往里推 |
| Main Stopper | （基板着装区的）主档定位梢 |
| ENT Stopper | （轨道上等待着装的基板）进入定位梢 |
| Exit Stopper | （轨道上出口端等待基板）运出的定位梢 |
| CONV Motor | 传送电动机 |
| CONV WIDTH | 传送轨道宽度 |
| Program Pin | 编制程序定位 |
| Select Target | 选择目标 |
| Initialize PRD History | 最初的生产历史资料 |
| Initialize PCB Counter | 最初基板计数 |
| Change Product Schedule | 改变生产排程表 |
| INIT DISP Consumption | 首次显示消耗量 |
| Half Way Continue | 中止后继续执行 |
| Save Vision Image | 存储视觉影像 |
| Cycle Stop | 循环停止（贴装完一块基板后停止） |
| Convey out PCB | 把基板送出轨道、轨道传送出基板 |
| Next PCB running | 运行（贴装）下一块基板 |
| Running Speed | 运行速度、生产速度 |
| Feeder Priority | 选择优先料架 |
| No Feeder Priority | 没有料架优先 |
| Front feeder Priority | 前面料架优先 |
| Rear feeder Priority | 后面料架优先 |
| Switch PCB | 选择基板名称（选择基板程序名称） |
| Reset Running | 重新运行 |
| Exit From Running | 从运行中退出 |
| Main Window【F3】 | 主窗口 |
| SUB Window【F4】 | 子窗口 |
| View database No | 查看（零件）数据库号码 |
| Return to Edit | 返回编辑 |
| PCB INFO | 基板信息/资料 |
| Mount INFO | 贴装资料 |
| Component INFO | 零件资料 |

| | |
|---|---|
| Mark INFO | 标记点资料 |
| BLK Repeat INFO | 多连扳资料 |
| Local Fiducial INFO | 局部（基板）基准点资料 |
| Local BadMRK INFO | 局部坏的（基板）标记点资料 |
| Basic & Option | （零件的）基本资料和选择 |
| Pick , Mount & Dump | （零件的）吸附、贴装和抛料（设定） |
| Vision & Shape | 查看和（零件的）外观尺寸（设定） |
| Tray | 盘装零件（设定） |
| Dispenser | 点胶作业（基本资料设定） |
| Database No | （零件在）数据库中的号码 |
| Comp Package : Tape | 零件包装：胶带 |
| Feeder Type :For1608chp72 | 取料器型号：72 号吸嘴 |
| Feeder Set No | 取料器设定站位号 |
| Mark Type INFO | 标记点的型号资料 |
| Mark Size INFO | 标记点的尺寸资料 |
| Adjust Assistant【F6】 | 辅助调整（在零件和 MARK 点资料中做影像辨识的调整） |
| Database Utility | 实用数据资料库 |
| Draw the Shape【F8】 | 画出（零件的）形状 |
| Set pallet | 摆放托盘、设置盘装料件 |
| Teach，Trace Condition | （坐标）校正、搜寻检测状态 |
| Camera | 照相、摄影 |
| PCB origin | 基板原点 |
| PCB Size | 基板尺寸 |
| Set from Database【F7】 | 从数据库中选择（数据）设置 |
| Write into Database | 写入数据库 |
| Pallet Number | 托盘号 |
| Block Comment | 连扳说明 |
| Skip | 跳过（不贴装） |
| Exec | 执行（贴装） |
| Insert 1 line | 插入 1 行 |
| Delete 1 line | 删除 1 行 |
| Update vision data | 更新查看的数据 |
| PCB data check | 基板数据的核对 |
| Exit without saving | 无需存储退出 |
| Save & Exit | 存储程序和退出程序 |
| Component Info | 零件资料 |

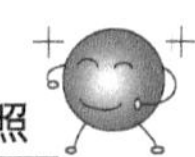

| | |
|---|---|
| Command | 命令菜单 |
| Pick up COMP | 吸取零件/吸附零件 |
| Vision test | 视觉影像测试 |
| PARM Search | 影像扫描（以便求出平均数值） |
| Discard Comp | 抛弃零件 |
| Adjust assist items | 调整辅助项目 |
| Comp Tolerance | 零件偏差 |
| Comp Threshold | 零件二界限值 |
| Lighting level | 亮度水平 |
| Search Area | 搜寻区域 |
| Pick and Mount Info | 吸附和贴装资料 |
| Pick Angle deg | 吸附（零件）角度 |
| Pick Timer | 吸取（零件）时间 |
| Mount Time | 贴装（零件）时间 |
| Pick Height | 吸取（零件）高度 |
| MNT Height | 贴装（零件）高度 |
| Pick Sequence : Normal | 吸取（零件）顺序：正常的 |
| Mount Action | 贴装动作 |
| Mount Speed | 贴装速度 |
| Dump Way | 丢料方式（丢料位置的选择） |
| Alignment group ： chip | 使用视觉系统：晶片 |
| Lead width | （零件）引脚宽度 |
| Datum Angle | 单角 |
| Mark type : Badmark | 标记点型号：（基板）不良标记点 |
| Mark type: Fiducial | 标记点型号：（基板）基准点 |
| Surface type : Non-Reflect | （标记点）表面种类：不反光 |
| Reflect | （标记点）反光 |
| Mark Threshold | 标记点的二界限值 |
| Outer light | （标记点的）外圈亮度 |
| Inner light | （标记点的）内圈亮度 |
| Coaxial light | 轴心亮度 |
| IR outer light | 外圈的红外线亮度 |
| IR inner light | 内圈的红外线亮度 |
| Fix PCB | 固定基板 |
| Mark Teaching | 标记点校正 |
| Vision Test | 视觉影像测试 |
| PARAM Search | （自动）搜寻扫描 |

| | |
|---|---|
| Mark outsize | Mark 点的直径 |
| Algorithm | 十进位计数法；算法 |
| Vacuum check : Check | 真空检测：检测 |
| Alignment : Use Align | （贴装零件）使用视觉系统：使用 |
| PCB Fix Device : Edge Clamp | 基板固定装置：夹边 |
| Tran-Height : 10 | 传送高度/转移高度：10 |
| Mount Head Info | 贴装头资料 |
| Delete PCB History | 删除基板历史（资料） |
| PCB Production | 基板生产（状况） |
| Maximum | 最大值 |
| Completed | 已完成的（基板） |
| Block numbers | 连扳数量 |
| CONV IN | 通过（贴装区）轨道入口端（基板） |
| CONV OUT | 通过（贴装区）轨道出口端（基板） |
| PCB IN Unload | 基板进入（轨道的数量）和下（轨道的数量） |
| Wait time | （基板）等待（贴装）时间 |
| Mount cycle time | 贴装周期时间（贴装完一块基板的时间） |
| Pick ERR | 吸附不良/错误 |
| VIS ERR | 影像不良/错误 |
| NZL ERR | 吸嘴不良/错误 |
| NO COMP | 没有零件 |
| Real PCK Rate（%） | 真正吸取（料件）率 |
| Select Servo Motor（Axis） | 选择伺服电动机移动轴 |
| Point move | 点动 |
| Exit from manual | 从手动操作中退出 |
| Main XY | 贴装头前后左右移动 |
| Main ZR | 贴装头上下移动 |
| Main Width | （贴装区的）轨道宽度 |
| Main Pushup | （贴装区的基板工作台）往上推 |

Yamaha 100x 的对话窗口如下：

1）Current Nozzle on heads, maybe different from the nozzles necessary for this PCB.
当前在吸嘴头上已装的吸嘴，也许不同于这块基板所需的吸嘴。

2）X Y Table [upper=head No...Lower=Nozzle type]。
XY 轴【上面是吸嘴头号……下面是吸嘴型号】

Head（吸嘴头号）：1　2　3　4　5　6　7　8

NZL（吸嘴型号）：72　72　72　72　72　72　72　72

3）Mark detection error.

标记点探测错误。

4）Mark detection error，failed to detect defined mark（mark1）.

标记点探测错误，搜寻标记点范围失败（标记点 1）。

5）Do you execute vision-cursor-teaching by manual?【F10】key to execute any other key to abort.

你需要手动执行视觉坐标校正吗？按【F10】键执行，按其他键退出。

6）[E101] Please make sure that the emergency stop is on. When you wish to turn off the power. You must make sure that the emergency stop is on.

请确信紧急停止开关已开，当你想要关掉电源时，你必须确信紧急停止开关已开。

| | |
|---|---|
| <operation : manager> | 操作管理 |
| Supports : daily production | 支持：日常生产 |
| Running : production | 运行：生产 |
| PRD data : PCB data modification | 生产数据：基板数据改变 |
| PRD history : production history | 生产历史：生产历史 |
| Manual : manual | 手动 |

7）[E531] Caution: ready to land component information from machine database to all components in the PCB component database. any adjusted parameters in the current PCB component database will be lost.

Push the [space] key to execute.

Push the [esc] key to abort.

注意：准备从机器数据库中登录基板所需的零件信息到基板零件数据里。在当前基板上任何已被调整的零件数据将被丢失。

8）[E530] No database number is specified, if you would like to perform a “set from database” then please input to database number in the SUB window. O: means that a database number is not specified.

没有数据库号码被指定，如果你想要执行“从数据库中设置”，那么请进入子窗口里的数据库号码。O：表示数据库号码没有被指定。

9）[E514] Caution: ready to save mark information into machine database No.2（Reverse of usual way）a data is recorded in this point. the name : 1.6mm-circle-No. the database will be replaced. push the [Space] key to execute push the [Esc] key to cancel the operation.

注意：准备储存标记点信息进入机器数据库号码为 2（通常的修改方法），一个数据被记录在这点上。名称：1.6 毫米、圆形不反光。这个数据将被替换。按空格键执行，按【Esc】键取消操作。

10）[E529] Caution: ready to save component information into machine database No.10 (reverse of usual way) a data is recorded in this point, the name led 3528.

The database will be replaced.

Push the [Space] key to execute.

Push the [Esc] key to cancel this operation.

**注意**：准备储存零件信息进入机器数据库号码为 10（通常的修改方法），一个数据被记录在这点上。名称：灯珠 3528，这个数据将被替换。按空格键执行，按【Esc】键取消这个操作。

11）[517] Caution : all records of component or mark data will be saved in the machine database.( Reverse of usual way ).

Push the [Space] key to execute.

Push the [Esc] key to cancel this operation.

**注意**：所有记录的零件或标记点数据将被储存在机器数据库中。（通常的修改方法）按空格键执行，按【Esc】键取消这个操作。

12）[E926] Please read the help massage carefully before executing this command. Ready to execute database machine ? Press the [Space] key to execute. Or any other key to abort.

在执行这个命令之前请仔细阅读帮助信息。准备执行数据库机器化吗？按空格键执行，否则任何键都忽略这个命令。

**注意**：【F1～F8】是功能键；括号内的信息表示补充说明。

2. 机型：Yamaha 100xg

以下为 Yamaha 100xg 的界面菜单功能键：

| | |
|---|---|
| Mark | 标记点（设置） |
| Badmark | 不良（基板的）标记点（设置） |
| Set up | 设置、安装 |
| Board | 基板（设定） |
| Mount | 贴装（零件） |
| Offset | 单板或连扳的原点设置 |
| Fiducial | （基板）基准点 |
| Block | 区域或连扳/拼板 |
| Local | 局部的（基准点或标记点） |
| Execute | 执行（程序） |
| Edit | 编辑（程序） |
| Monitor | （生产）监控 |
| Operator | 操作者 |
| Save | 储存（资料） |
| Editor | 编辑者 |
| Optimize | 使最优化 |
| Machine | 机器 |

| | |
|---|---|
| Utilities | 实用（工具） |
| Help | 帮助 |
| Off | 关闭程序 |
| Teach | （读取坐标）校正 |
| Jump | 跳过（不贴装） |
| Skip | 跳过（不贴装） |
| Assistant | 辅助（功能） |
| Pattern name | 样品名称、部品名称 |
| Type | 型号 |
| Mis | 资料管理区、资料管理系统 |
| Board size X | 基板 $X$ 轴长度 |
| Board size Y | 基板 $Y$ 轴长度 |
| Board size height | 基板的厚度 |
| Board comment | 基板说明 |
| Prod board counter | 生产基板计数 |
| Prod board counter Max | 生产基板计数最大值 |
| Prod block counter | 生产连扳计数 |
| Unloader　counter | 卸下基板（已生产基板）数量或目前产量 |
| Unloader counter Max | 目前产量最大值 |
| Board fix device | 基板固定装置（方式） |
| Pre fix timer sec | 预固定时间，秒 |
| Trans height | 转移高度/送高度 |
| Conveyor timer sec | 传送时间，秒 |
| Alignment : use Align | （贴装零件）使用视觉系统 |
| Vacuum check | 真空检测 |
| Retry sequence | 按顺序重试（注：SMT 的一种补料模式） |
| Retry sequence : Group | 按顺序重试：抛料后立即补料 |
| Retry sequence : Block | 按顺序重试：打完一片连扳后补料 |
| Retry sequence : Auto | 按顺序重试：打完一片板后认空闲吸嘴自动进行补料 |
| Precede pick | 预先取料 |
| Tray | （装料）托盘 |
| Part | 部品、零件 |
| Ignore Err | 忽视不良/忽略错误 |
| PIN + push-up | 定位梢＋往上推 |
| Edge clamp | 夹边（夹住基板的边缘） |
| Locate pin | 设置定位梢 |
| No use | 不使用 |

| | |
|---|---|
| Check box | 核对盒（功能：在 SMT 中设定某个元件或某个区域要不要跳过） |
| X、Y、R | 零件贴装的坐标及角度 |
| PNO=Part No | 部品号码 |
| Parts ADJ = parts adjust | 部品调整 |
| Row selection | 选择一排（一行） |
| All selection | 全选 |
| Row / Edit | 编辑一排（一行） |
| Insert | 插入（资料） |
| Delete | 删除（资料） |
| Copy | 复制（资料） |
| Overwrite | 覆盖（资料） |
| Clear | 清除（资料） |
| Paste | 粘贴（资料） |
| Cut（DEL） | 剪切（删除）（资料） |
| Ins paste | 插入粘贴 |
| Cut（CLR） | 剪切（清除） |
| Replace | 替换/替代 |
| Assistant utilitizes | 辅助实用工具 |
| Item | 项目 |
| Replace with item | 用某个项目来替换 |
| Value | 有效数值 |
| Find | 查找或找到 |
| ABC Replace | 单一替换 |
| All Replace | 全部替换 |
| Match case | 匹配项目 |
| Shift mode | 改变模式、切换模式 |
| Speed | 速度 |
| Light | 光源设定 |
| Setting | 设置、设定 |
| Trace Next | 搜寻下一个（坐标） |
| Auto | 自动（搜寻坐标） |
| Trace | 搜寻坐标 |
| Trace previous | 搜寻前一个（坐标） |
| Point X、Y | 点的 $X$、$Y$ 轴坐标 |
| Cursor | 光标 |
| Count | 计数 |

| | |
|---|---|
| Clear point | 清除点（坐标） |
| Set point | 设置点（坐标） |
| Teaching unit（camera） | 读取、校正坐标（使用模式：照相） |
| Teach | 读取、校正（坐标） |
| Close | 关闭（某个程序） |
| Correction data | 纠正数据 |
| Origin datum | 原始数据 |
| Board origin | 基板原点 |
| Block offset | 拼板/连扳原点设置 |
| Block Dist | 连扳区域设置 |
| Reset | 重新设置 |
| Maintenance | 维护机器、保养机器 |
| View | 观看、查看 |
| Window | 菜单窗口 |
| Dump | 垃圾（在 SMT 中贴装时检测到错误料件丢弃的地方） |
| Database support | 基础数据库支持 |
| Library support | 资料库支持 |
| Parts information support | 零件资料支持 |
| Distribute with note data | 用只读数据来分配 |

（在 SMT 中译为：连扳打散后还使用原来所编的贴装资料）

| | |
|---|---|
| Distribute without note data | 不用只读数据来分配 |

（在 SMT 中译为：连扳打散后不使用原来所编的贴装资料）

| | |
|---|---|
| Return | 返回原菜单 |
| Dispenser distribute | （合理）分配（零件贴装） |
| Local fiducial | 局部基准点 |
| Mark adjust | 标记点调整 |
| Mark threshold | 标记点二界限值 |
| Tolerance（%） | 偏差 |
| Search area | 搜寻区域 |
| Outer light | （标记点）外圈亮度 |
| Inner light | （标记点）内圈亮度 |
| Coaxial light（off） | 同轴亮度（关） |
| Standard | 标准值 |
| IR outer light（standard） | 红外线外圈亮度（标准） |
| IR inner light（standard） | 红外线内圈亮度（标准） |
| Cut outer noise | 清除外圈花点 |
| Cut inner noise | 清除内圈花点 |

| | |
|---|---|
| Monitor mode | 监控模式 |
| Test | 测试（标记点的参数设定是否正确） |
| Find best | 找到最佳化（测试到 mark 点的参数为最佳化） |
| Light | （相机）光源设定、亮度设定 |
| Save/Open | 储存/打开 |
| Read time | 读取时间（显示时间） |
| Result | 结果 |
| Cancle | 取消内容 |
| Move head | 移动摄像头 |
| Convey in | （基板）进入（贴装区）传送带入口端 |
| Convey out | （基板）送出（贴装区）传送带出口端 |
| Mark shape | Mark 点的形状/外观 |
| Mark name | 标记名称 |
| Mark comment | 标记说明 |
| Mark type（Fiducial） | 标记型号（基准点） |
| Circle | （Mark 点的形状）圆形 |
| Mark out size | Mark 点直径 |
| Sequence | （贴装）顺序、（贴装）次序 |
| Surface type（Non-reflect） | 表面形式（不反光） |
| Algorithm type（Normal） | 十进位计数形式（普通的、一般的） |
| Surface type（Reflect） | 表面形式（反光） |
| Error Log | 不良标记 |
| Board Log | 基板标记 |
| Program Log | 编辑程序标记 |
| Save Log | 存储标记 |
| Option | 选择（程序） |
| Program Name | 程序名称 |
| Start time | 开始时间 |
| Finish time | 完成时间 |
| Event date | 事件日期 |
| Contents | （机器资料）内容 |
| Operator Name | 操作者名称 |
| Main | 主窗口 |
| Detail | 详细的（资料） |
| Last Modification time | 最后修改时间 |
| Estimated end time | 预计结束时间 |
| Supply time | 供应时间 |

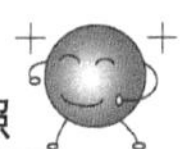

| | |
|---|---|
| Assemble time | 贴装时间 |
| Out put time | 输出（基板）时间 |
| Delay time | （基板进出贴装区）延迟时间 |
| Max out put | 最大输出（基板）量 |
| Sec/board | 秒/板（每一快板的贴装时间：秒） |
| Board/h | 板/时（每小时贴装的基板数量） |
| Chip/h | 晶片/时（每小时贴装的晶片数量） |
| Board counter | 基板计数 |
| Error Rate | 不良率 |
| Cycle time | 循环时间（生产基板的循环时间） |
| Sec/chip | 秒/晶片（贴装一个晶片所需的时间） |
| Working ration（% /lot） | 工作效率 |
| Parts Monitor mode | 部品监控模式 |
| Mark monitor mode | Mark 点监控模式 |
| Binary Image | 二进制影像 |
| IMG check | 影像检测 |
| Alignment | 排列 |
| Open setup window | 打开设置窗口 |
| Basic | 基本（资料） |
| Shape | （零件）外观、形状 |
| Mark ADJ | 标记点的调整 |
| Head No | 吸嘴头序号 |
| Parts No | 部品号 |
| Feeder set | 取料器站位设置 |
| Bad mark type | 不良基板标记点的类型 |
| Block NO | （选择）连扳序号 |
| Retry button | 重试按钮（功能：元件/料站/吸嘴资料及错误信息的显示按钮） |
| Optimize setting PCBs | 使设置的基板（程序）进行优化 |
| Execute target PCBs | 执行目标基板（优化） |
| Setting by wizard | 被奇才设置、机器程序设置人员 |
| Selected PCB | 被选中的基板 |
| New PCB | 新基板 |
| Setting by all at once | 被所有人立即设置 |
| Execute | 执行 |
| Cycle time Estimation | 循环时间估计 |
| Result view | 结果查看 |

| | |
|---|---|
| Condition of Optimizing | 优化状态 |
| Target | 目标（程序） |
| Fixed PCB | 固定基板 |
| Nozzle | 吸嘴 |
| Nozzle head | 吸嘴头 |
| Optimizer progress monitor | 优化过程监控 |
| Machine name | 机器名称 |
| Optimizer result | 优化结果 |
| Completed | 完成的（数量） |
| Total pickup times | 总计吸附次数 |
| Simul pick up times | 同时吸附次数 |
| Nozzle change times | 吸嘴更换次数 |
| Multi Camera REC | 多视觉照相记录 |
| Single camera REC | 单视觉照相记录 |
| Save the result | 存储结果 |
| Save the description | 存储描述内容 |
| Check condition | 检测状况 |
| Finished of condition setting | 完成状况设置 |
| Mount optimizing condition setting | 贴装（数据）正在处于优化状态 |
| Parts Adjust | 部品调整 |
| Pick up | 吸附/吸取 |
| Move head | 移动贴装头 |
| Grey | （部品）灰色的 |
| Draw shape | 画出（部品）形状 |
| Front/ Rear multi MACS | 前/后多视觉照相 |
| Save Multi MACS | 存储多视觉照相 |
| Automatic | 全自动 |
| Alignment group（chip） | 排列组（晶片） |
| Alignment type（STD chip） | 排列形式（标准晶片） |
| Required Nozzle | 需求吸嘴 |
| Package（tape） | 包装（胶带） |
| Feeder type（8mm tape） | 取料器型号（8mm 胶带） |
| Dump Pos | 垃圾盒（贴装时吸取错误料件被识别而丢弃的位置） |
| Retry times | 重试次数 |
| Convey speed | 传送速度 |
| Database number | 数据库号码（元件在数据库中的序号） |

| | |
|---|---|
| Library name | 资料库名称 |
| Mount Height | 贴装高度 |
| Mount Timer sec | 贴装时间，秒 |
| X、Y speed（%） | *X*、*Y* 轴速度 |
| Pick & Mount vacuum check | 吸附&贴装真空检测 |
| Mount Action（Normal） | 贴装动作（一般） |
| Mount Tango（Normal） | 贴装姿态（一般） |
| Mount Down/UP（AIR） | 贴装上/下（气压） |
| Option | 选择（程序） |
| Feeder set NO | 取料器设置站位号 |
| Position definition（Automatic） | 方位决定（全自动） |
| Pick Angle | 吸取（零件）角度 |
| Pick height | 吸取（零件）高度 |
| Pick timer | 吸附（零件）时间 |
| Pick speed（%） | 吸附速度率 |
| Pick vacuum（%） | 吸附真空率 |
| Body size X（mm） | 基板尺寸 *X* 轴长度 |
| Body size Y（mm） | 基板尺寸 *Y* 轴长度 |
| Body size Z（mm） | 基板尺寸 *Z* 轴长度 |
| Ball amount | 球状物贴装 |
| BGA Diameter（mm） | BGA 直径 |
| Start POS | 开始状态 |
| End pos | 结束状态 |
| Comp Amount | 部品合计、零件合计 |
| Comp pitch | 零件间距 |
| Lead pitch | 引脚间距 |
| Lead width | 引脚宽度 |
| Bumper Mask（mm） | 缓冲器的外壳（尺寸） |
| Current Pos | 当前状态 |
| Tray amount | 合计托盘数量 |
| Pallet No1 start | 从 1 号托盘开始 |
| Pallet No current | 当前托盘排列序号 |
| Alignment module back /Fore | 排列模式后/前 |
| Light main | 主亮度 |
| Light coax | 衬托亮度 |
| Rename | 重命名 |
| Format | 格式化 |

| | |
|---|---|
| Board explorer | 基板探索器 |
| File format | 文件格式化 |
| Folder | 文件夹 |
| Update | 更新日期 |
| Floppy | 磁盘、软盘 |
| Origin | 回归原点 |
| Warm up | 暖机 |
| Required parts | 需求部品 |
| Cycle stop | 打完一块基板停机 |
| Feed bulk | 取散装料件 |
| Conveyor out stop | （贴装区）传送出（基板）的出口端定位梢 |
| Required nozzle | 需求吸嘴 |
| Step | 分步进行 |
| Halfway continue | 中止后继续 |
| Check nozzle | 检查吸嘴 |
| History | （生产的）历史（资料） |
| Software setting | 软件设置 |
| System backup | 系统备份 |
| Create new file | 建立新文件 |
| Board file | 基板文件 |
| No priority | 没有优先 |
| Feeder plate priority | 取料器放置优先 |
| Tray magazine priority | 托盘胶盒优先 |
| Backup | 备份（程序资料） |
| Restore | 恢复（程序资料） |
| Database path | 数据库路径 |
| Browse | 浏览（资料） |
| Select vios board database | 选择利用 VIOS 软件编辑的基板（程序）数据 |
| History utility | 有用的历史生产资料 |
| Reenact data | 重新制定数据 |
| Conveyor Spec（line） | 传送带规格（在线） |
| Conveyor Auto width（exist） | 传送带自动宽度（存在） |
| Special Function | 特别功能 |
| Default operator | 不履行合约的操作者、临时操作者 |
| Administrators | 有管理能力的人 |
| Service | （机器）维护、（机器）保养 |
| Password | （机器）密码、（程序）密码 |

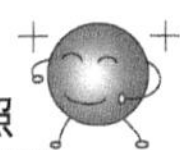

| | |
|---|---|
| Select folder for unit Log | 根据组件标志选择文件 |
| Invalid | （命令）无效 |
| Pause | 暂停（运行） |
| Stop | 停止（运行） |
| Warm-up time | 暖机时间 |
| Stop after time over | 时间结束后停止 |
| Expired time | 截止时间 |
| Flow Direction | 流动方向 |
| Edge clamp | 夹边（夹住基板的边缘） |
| Board clamp | 夹住基板 |
| Transfer | 转移 |
| Pick up Error rate（%） | 吸附料件不良率 |
| All Error rate（%） | 全部不良率 |
| Vision Error rate（%） | 视觉影像错误率 |
| No parts Error rate（%） | 缺件错误率 |
| Nozzle Error rate（%） | 吸嘴不良率 |
| Parts consumption | 部品消耗 |
| Axis | 轴线 |

Yamaha 100xg 的对话窗口：

1）If save condition , select “setting save ”, or set more detail information select.
如果需要储存，就选择“设置储存”，或更多的详细资料供选择设置。

2）All the set of the part and mark database are execute after board reading.
在读取基板数据之后，零件和标记点数据全都执行优化。

3）The executive condition of the assignment check is set up.
分配检测的执行状态被设定。

4）Board data file form is set up.
基板数据文件形式被设定。

5）Save report file when production is switched.
当生产被改变时（或当换线生产别的机种时），存储报告文件。

3. 机型：Yamaha 100 II

Yamaha 100 II 的界面菜单功能键：

| | |
|---|---|
| Running | （生产）运行 |
| PRD. Data | 生产数据 |
| PRD .History | 生产历史 |
| Manual | 手动（操作） |
| Exit | 退出 |

| | |
|---|---|
| Change condition | 改变状况 |
| Automatic move | 自动移动 |
| Display＆Exit | 显示（资料）&退出（程序） |
| Input/output monitor | 输入/输出监控 |
| Exit from manual | 从手动操作中退出 |
| Point move | 点动 |
| Warm up | 暖机 |
| Change back lining | 换到背面在线（贴装） |
| Switch laser window | 换到激光窗口 |
| Init .servo origin | 回归原点 |
| Select Axis | 选择轴 |
| Running speed | （生产）运行速度 |
| Vacuum sensor | 真空感应 |
| Feeder On/Off | 取料器上下 |
| Set pallet | 设置托盘站位 |
| Edit way speed | 编辑运行速度 |
| Main window【F3】 | 主画面窗口 |
| SUB window【F4】 | 子画面窗口 |
| View database no【F7】 | 查看（部品）数据库号 |
| View/DEL | 查看/删除 |
| Jump【F5】 | 跳过（设置点不贴装） |
| Switch window（Tab） | 切换窗口 |
| Return to edit | 返回编辑 |
| PCB info | 基板资料 |
| Component Info | 零件资料 |
| Mount head info | 贴装头资料 |
| Error log info | 不良标志资料 |
| Disp head info | 分配头资料 |
| Delete PCB history | 删除基板历史（资料） |
| Display | 显示（资料） |
| Utility | 实用工具 |
| Edit–tool | 编辑工具 |
| Insert 1 line | 插入一行（编辑程序资料） |
| Delete 1 line | 删除一行（编辑程序资料） |
| Update vision data | 更新视觉数据 |
| PCB data check | 基板数据检测 |
| Exit without saving | 不用储存退出 |

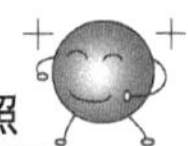

| | |
|---|---|
| Save & Exit | 储存（资料）&退出（程序） |
| Adjust assistant | 辅助调整 |
| Set from database | 从数据库里（选择资料）设置 |
| Draw the shape（CMP） | 绘画（零件）的形状 |
| Conveyor unit | 传送轨道设置 |
| Trace【F9】 | （坐标点）搜寻 |
| Teaching | （坐标点）校正 |
| Teach，Trace condition | 校正搜寻状况 |
| Condition | 状态、条件、情况、状况 |
| Monitor | 监控（各种程序资料） |
| Skip & Exit | 跳过&退出 |
| Dump comp & reset | 丢弃（错误）零件&重新设置 |
| Reset running | 重新运行 |
| Cycle stop | 贴装完一片基板后停止 |
| Exit from running | 从运行中退出 |
| Switch PCB【F2】 | 切换基板（名称）、切换 PCB 机种 |
| Running utility | 运行实用工具 |
| Convey out PCB | 传送出基板 |
| Monitor Sequence | 监控顺序 |
| Monitor I/O | 监控输入/输出 |
| Monitor products | 监控产品（产量） |
| Monitor vision | 视觉监控 |
| Monitor retry | 监控重试（内容） |
| Monitor P. down | 监控翻页 |
| Feeder priority | 取料器优先 |
| Stop running | 停止运行、停止生产 |
| Running condition | 运行状态、生产状态 |
| Auto running | 自动运行、自动生产 |
| Step running【Space】 | 单步运行、单步生产 |
| XY-table On/Off | 暂停生产 |
| PCB TBL On /Off | 贴装完一片基板停止 |

机型：Yamaha 贴片机通用英语

| | |
|---|---|
| Operation | 操作（贴片机） |
| Running | （生产）运行 |
| Stop running（stop） | 停止运行生产 |
| Auto running（auto） | 自动运行生产 |
| Step running（Space） | 单步运行生产 |

| | |
|---|---|
| XY-table ON/OFF | 暂停生产 |
| PCB TBL ON/OFF | 打完一片基板停止生产 |
| Condition | 条件、状态、情况、状况 |
| Running condition | 运行状况 |
| Monitor | 监控（各种资料） |
| Auto running monitor | 自动运行监控 |
| Scroll monitor（P. down） | 卷动监控（翻页） |
| Monitor sequence【F4】 | 监控次序、监控顺序 |
| Monitor I/O【F4】 | 监控输入/输出 |
| Monitor products【F4】 | 监控生产产品 |
| Monitor vision【F4】 | 监控影像 |
| Monitor retry【F4】 | 监控重试 |
| Monitor BIGNUM【F4】 | 监控大数目 |
| Monitor conveyor【F4】 | 监控传送带 |
| Initialize | 实用（工具） |
| Warm up | 暖机 |
| INIT SERVO ORIGIN | 回归原点 |
| Assistant utility | 辅助实用（工具） |
| Conveyor units | 轨道设置 |
| Component assignment | 零件分配 |
| Required nozzles | 需求的吸嘴 |
| Edit tray counter | 编辑托盘计数 |
| Edit history | 编辑历史资料（更改历史资料） |
| Feed bulk component | 吸取散装零件（料件） |
| Check NZL condition | 检测吸嘴情况 |
| Halfway continue | 中止后继续（运行） |
| Slide multi Image | 滑动多功能影像 |
| Stopping utility | 停止实用工具 |
| Return | 返回菜单 |
| Cycle stop | 打完一片基板停止生产 |
| Convey out PCB | 传送出基板 |
| Exit PCB running | 退出基板运行 |
| Feeder priority | 取料器优先 |
| Running speed | 运行速度 |
| Running utility | 运行实用工具 |
| Skip & Exit | 跳过&退出 |
| Switch PCB | 选择基板文件 |

| | |
|---|---|
| Reset running【reset】 | 重新运行 |
| Exit from running | 从生产运行中退出 |
| PRD.data | 生产数据 |
| PCB Info | 基板资料、基板信息 |
| Mount info | 贴装资料、贴装信息 |
| Component info | 零件资料、零件信息 |
| Mark Info | 标记资料、标记信息 |
| Blk repeat Info | 拼板资料、连扳信息 |
| Local Fidu info | 局部基准点资料 |
| Local Badmark Info | 局部不良基板的标记点资料 |
| Display | 显示（资料） |
| Main window【F3】 | 主窗口 |
| SUB window【F4】 | 子窗口 |
| View database No | 查看数据库号码 |
| Database utility | 数据库实用工具 |
| Utility | 实用工具 |
| Adjust assistant【F6】 | 辅助调整 |
| Draw the shape | 绘画出（零件）形状 |
| Set pallet | 设置托盘 |
| Conveyor units | 传送轨道设置 |
| Teach trace condition | 坐标点校正、搜寻状况 |
| Edit tool | 编辑工具 |
| Insert 1 line | 插入一行（编辑程序资料） |
| Delete 1line | 删除一行（编辑程序资料） |
| Update vision data | 更新视觉数据 |
| PCB data check | 基板数据检测 |
| PRD. History | 生产历史（资料） |
| PCB INFO【F3】 | 基板信息、基板资料 |
| Component INF【F3】 | 零件信息、零件资料 |
| Mount head INF【F3】 | 贴装头资料、贴装头信息 |
| Prod .LOG INF【F3】 | 生产标志信息 |
| Manual | 手动（操作） |
| I/O utility | 输入/输出实用工具 |
| Delete PCB history | 删除基板历史 |
| Input /output monitor | 输入/输出监控 |
| Feeder out monitor | 取料监控 |
| Com light out monitor | 零件亮度监控 |

| | |
|---|---|
| Vacuum in monitor | 真空监控 |
| Change nozzle | 更换吸嘴 |
| Automatic Pallet | 自动托盘（供料） |
| Conveyor units | 传送轨道设置 |
| Locate pin | 设置定位梢 |
| Push up | （贴装区工作台）往上推 |
| PCB clamp | 夹住基板 |
| Edge clamp | 夹边（夹住基板边缘） |
| Push in | 推进（基板） |
| Main stopper | 贴装时主档基板定位梢 |
| Ent stopper | 等待进入贴装时的定位梢 |
| Exit stopper | 退出贴装时的定位梢 |
| Conv .motor | 传送轨道电动机 |
| Conv . width | 传送轨道宽度 |
| Program pin | 编制程序时（基板）定位梢 |
| Servo control | 伺服电动机控制 |
| Select servo motor【AXIS】 | 选择伺服电动机【轴】 |
| Main XY | 主坐标 $X$、$Y$ |
| Main ZR | 主角度 $Z$、$R$ |
| Main width | 主宽度 |
| Main Push up | （贴装区工作台）往上推 |
| Running speed【SPEED】 | 运行速度 |
| Point move | 点动（贴装） |
| INIT.servo origin | 回归原点 |
| Shell | 机器（文件）框架 |
| Disk maintenance | 磁盘维护、驱动盘保养 |
| Display | 显示（资料） |
| Change drive | 改变驱动器 |
| Change directory | 改变路径 |
| Sort by name | 根据名称分类 |
| Sort by time | 根据时间分类 |
| Sort by Extension | 根据延伸分类 |
| Switch window【Tab】 | 切换窗口 |
| Continue display | 继续显示 |
| File | 文件 |
| Copy file | 复制文件 |
| Move file | 移动文件 |

| | |
|---|---|
| Rename file | 重命名文件 |
| Delete file | 删除文件 |
| View file | 查看文件 |
| Select【INS】 | 选择【插入】 |
| Delete | 删除（文件、程序资料） |
| Directory | （程序文件的）目录、路径 |
| Make directory | 创建目录、创建路径 |
| Delete directory | 删除目录 |
| Rename directory | 重命名路径、重命名目录 |
| System | 系统（资料） |
| Drive information | 驱动器信息、驱动器资料 |
| Format new FD | 格式化新磁盘 |
| Set date | 设置日期 |
| Exit | 退出（程序） |
| Mainte | 机器维护、机器保养 |
| MCH adjust | 机器调整 |
| Utility | 实用工具 |
| Vacuum on | 真空开 |
| Vacuum off | 真空关 |
| Pick component | 吸附零件 |
| Dump component | 丢弃零件 |
| Change nozzle | 更换吸嘴 |
| Head down wave | 吸装头向下移动 |
| Change speed | 改变速度 |
| Search origin | 搜寻原点 |
| Save & Quit | 存储（资料）&退出（程序、菜单） |
| Adjust target | 调整目标 |
| Recover adjust | 恢复调整、复位调整 |
| Condition | 状况、状态、条件 |
| Manual | 手动操作 |
| I/O utility | 输入/输出实用工具 |
| Input /output monitor | 输入/输出监控 |
| Feeder out monitor | 取料监控 |
| Vacuum in monitor | 真空监控 |
| Change nozzle | 更换吸嘴 |
| Auto pallet | 全自动托盘（供料） |
| Conveyor units | 传送轨道设置 |

| | |
|---|---|
| Servo Control | 伺服电动机控制 |
| Select servo motor【axis】 | 选择伺服电动机【轴】 |
| Running speed【speed】 | 运行速度 |
| Point move | 点动运行（贴装） |
| INIT.SERVO origin | 回归原点 |
| Soft limit | 软件限制 |
| Position | 方位、位置、状态 |
| Tray changer | 托盘转换器 |
| Vacuum level | 真空水平 |
| Moving camera | 移动照相机 |
| Single camera | 单一照相机 |
| Multi camera | 多功能照相机 |
| Co-planarity | 平整度，共面 |
| R axis accuracy | *R* 轴的准确性 |
| Mount feedback | 贴装反馈（信息） |
| Point accuracy | 点的准确性 |
| Dual drive offset | 双驱动器开/关 |

**注意**：F1、F2、F3、F4、F5、F6、F7、F8、F9、F10 为功能键；括号里的内容为补充解释。

4. 富士贴片机 FUJI CP7

富士贴片机 CP7 的界面菜单功能键：

| | |
|---|---|
| Control | 控制器 |
| Production | 生产（基板） |
| Changeover | 彻底改变（程序或设置） |
| Program | 程序（设置） |
| Device check | 设备检查 |
| Nozzle allocation | 吸嘴分配 |
| Conveyor | 传送带、传送轨道 |
| Mode | （生产）模式 |
| Operation | 操作模式 |
| Board skip data | 基板跳过不贴装数据（零件） |
| Recovery | 恢复模式 |
| Nozzle skip | 吸嘴跳过不吸取零件 |
| Set up | 设置功能、设定程序 |
| Panel loader | 上板装置设定 |
| Position | 位置设定、方位设定 |

| | |
|---|---|
| Nozzle check | 检查吸嘴 |
| Part supply | 部品供应 |
| Change pallet | 更换托盘 |
| Device offsets | 设备设置与取消 |
| Part rejection | 部品拒绝 |
| Maintenance | 保养（机器）、维护（机器） |
| Select a command | 选择一个命令 |
| Vision | 视觉观看 |
| Servo count | 伺服系统数值（显示伺服系统各坐标点） |
| Current program | 当前程序 |
| Scheduled | 进度表、排程表 |
| Completed | 完成的（基板数） |
| Background program | 背景程序 |
| Chg scheduled panel | 更换基板（换线生产） |
| Clear completed panels | 清除已完成的基板（记录） |
| Select a production program | 选择一个生产程序 |
| Conveyor width | 传送轨道宽度 |
| Operation mode | 操作模式 |
| Production | 生产模式 |
| Idle | 空打模式（即模拟贴装，但吸嘴不吸取零件） |
| Skip marks | 跳过（检查）标记点 |
| Read | 读取（贴装数据） |
| Ignore | 忽视（贴装数据） |
| Table mode | （贴装区的）工作台模式 |
| Joint | 连接（供料平台） |
| Joint re-supply | 连接再供应（供料平台） |
| Device change | 设备更换 |
| Changeover | 彻底改变（设置） |
| Stage priority | 供料平台优先、料架工作台优先 |
| Original table（stage1、stage2） | 原始供料平台（供料平台 1、供料平台 2） |
| Set the mode（operation mode :pass） | 选择模式（操作模式：通过） |
| Board skip | 基板跳过（不贴装零件） |
| Global skip marks（Invalid） | 全部跳过标记点（无效） |
| Global skip/skip marks　（reading） | 全部跳过标记点后（读取贴装资料）/跳过标记点后（读取贴装资料） |
| Target panel | 目标基板 |
| Remaining panels | 继续上基板 |

| | |
|---|---|
| Board number & status | 基板数量情况 |
| 1 Remote skip | 一块（基板）微小的地方跳过 |
| Current panels | 当前基板 |
| Recovery | 恢复（设置） |
| Error handling | 错误操作、错误处理 |
| Auto recovery | 自动恢复（设置） |
| Error stop | 错误则停止 |
| Error pass | 错误也可通过 |
| Recovery timing（immediate） | 恢复时间（立即） |
| Recovery reference（machine、part data） | 恢复查询（机器设置资料、部品数据） |
| Recovery limit（change:3） | 恢复（次数）限制：（更改：3） |
| Super user | 超级用户（或称程序选定显示栏） |
| Nozzle skip settings | 吸嘴跳过设置（设置某个吸嘴不吸取零件贴装） |
| Panel loader | 上板程序 |
| Unload | 从贴片机上卸下基板 |
| Load panel | 装上基板 |
| Load two panels | 装上两块基板 |
| Flush out | 从机器上退出所有的基板 |
| Main conveyor | （贴装区）主传送轨道 |
| Move to loading position | 移到上板位置（等待贴装） |
| Move to unlading position | 移到下板位置（出板） |
| Lifter up | （贴装区入口端）顶起基板 |
| Lifter down | （贴装区出口端）下降基板 |
| Clamp | 夹边（即夹住基板的边缘）、夹住基板 |
| Unclamp | 不夹边、不夹住基板 |
| In-lifter | 进入（贴装区工作台）顶起基板 |
| In-carrier | （基板）在（贴装区）工作台上 |
| Out-carrier | 移出（在贴装区）工作台上的基板 |
| Out-lifter | 放下（贴装区）工作台上的基板 |
| Out-conveyor | 基板退出（贴装区）的传送轨道 |
| Loader maintenance | 载入基板（的制动器）维护/维修 |
| Actuator position | 制动器位置（贴装区传送轨道上的制动器位置） |
| Inside | 在（贴装区传送轨道）里面 |
| Outside | 在（贴装区传送轨道）外面 |
| Mid-stopper up | 顶起（贴装区）中间的（基板）定位梢 |

| | |
|---|---|
| Mid-stopper down | 下降（贴装区）中间的（基板）定位梢 |
| Carrier retract | （贴装区）制动器缩回 |
| Carrier clamp | （贴装区）制动器夹住基板 |
| Carrier unclamp | （贴装区）制动器不夹住基板 |
| Panel transport position | 基板传送位置 |
| In-carrier pick up | （在贴装区）使用夹住基板的模式贴装零件 |
| Main conveyor pick up | （在贴装区）主传送轨道上贴装零件 |
| X–axis | *X* 轴（贴装时的零件坐标） |
| Y–axis | *Y* 轴（贴装时的零件坐标） |
| D1 –axis | *D*1 轴（控制装料架的轴） |
| D2 –axis | *D*2 轴（控制装料架的轴） |
| Slot No | （取料器）位置号、（供料架）的位置号 |
| Stage No | （装料架）工作台号、供料平台号 |
| Retract（D1 axis、D2 axis） | 缩回（*D*1 轴、*D*2 轴） |
| Target value | （程序坐标、伺服电动机坐标）目标值 |
| Program coordinates | 程序坐标 |
| Servo coordinates | 伺服电动机坐标 |
| Inspection items | 检查项目（包括吸嘴的尺寸、弯度、长度、中心孔径） |
| Nozzle size | 吸嘴尺寸 |
| Nozzle bend | 吸嘴弯度 |
| Nozzle length | 吸嘴长度 |
| Holder center | 固定（吸嘴）的支架孔径 |
| Holder | 吸嘴的固定架 |
| Pending status | 即将发生的情况 |
| Checking status | 正在检测状态 |
| Passed | 通过（检测） |
| Failed | （检测）失败 |
| Size error | （吸嘴）尺寸错误 |
| Bend error | （吸嘴）弯曲不良 |
| Length error | （吸嘴）长度错误 |
| Center error | （吸嘴）中心孔径错误 |
| Brightness error | （吸嘴）亮度出错 |
| Wide camera | 宽视野照相机 |
| Narrow camera | 窄视野照相机 |
| Nozzle check limits | 吸嘴检测限制（次数） |
| Nozzle check details | 吸嘴检测详细内容 |

| | |
|---|---|
| Nozzle check result | 吸嘴检测结果 |
| Brightness deviation | （吸嘴检测）亮度偏差 |
| Set value | （吸嘴）设定值 |
| Measured value | （吸嘴）测量值 |
| Nozzle diameter measurement results | 吸嘴直径测量结果 |
| Holder No1 | 1 号（吸嘴）固定架 |
| Standard value | 标准值 |
| Set limit value | 设定（吸嘴的长度和弯度）界限值 |
| Nozzle nickname | 吸嘴型号、吸嘴上刻痕名称 |
| Stage 1 start | 供料平台 1 开始 |
| Stage 1 set | 供料平台 1 设置 |
| Stage 1 clear | 供料平台 1 清除 |
| Stage 1 clamp | 供料平台 1 夹板 |
| Stage 1 unclamp | 供料平台 1 不夹板 |
| Stage 1 guidance | 供料平台 1 指引 |
| Stage 2 guidance | 供料平台 2 指引 |
| Panel Change | 更换基板 |
| Panel status | 基板情况 |
| Production panel | 生产基板 |
| New panel | 新基板 |
| Old panel | 旧基板 |
| Stage 2 start | 供料平台 2 开始 |
| Stage 2 set | 供料平台 2 设置 |
| Stage 2 clear | 供料平台 2 清除 |
| Stage 2 clamp | 供料平台 2 夹板 |
| Stage 2 unclamp | 供料平台 2 不夹板 |
| Device offsets | （取料器的）设备设置 |
| Pick up position | 取料位置 |
| Part rejection | 部品拒绝 |
| Main | 主要（窗口） |
| Host communication | 主要讯息 |
| Communication status | 传送情况 |
| Transmitting | 正在传送（基板） |
| Dormant | 隐藏（讯息） |
| Control status | 控制情况 |
| Online/remote | （基板）在线生产/微小的 |
| Online/local | （基板）在线生产/局部的 |

| | |
|---|---|
| Offline/equipment | （基板）下线/设备 |
| Offline/attempt | （基板）下线/尝试 |
| Loader Cylinder | 进板气缸 |
| Inching axis and speed settings | 移动轴设置和轴速度设定 |
| Select axis set | 选择轴设定 |
| Setting speed | 设置速度 |
| Machine configuration data | 机器配置数据 |
| Data manager | 数据管理器 |
| Statistical nozzle skip | 统计吸嘴跳过（定点位） |
| Signal tower | 信号塔 |
| Select the setting items | 选择将要设置的项目 |
| Basic configuration | （机器）基础配置 |
| Auto display of mark editor | 自动显示 Mark 点的编辑 |
| Use global skip marks | 使用全部跳过所有 Mark 点 |
| Special configuration data | （机器）特殊配置数据 |
| Specify the basic machine configuration | 指定基础机器配置 |
| Forced device check trigger | 强迫机器设备检查开关 |
| Signal towel display | 信号塔显示（内容） |
| Awaiting operation | 等待操作 |
| Temporary stop awaiting restart | 暂时停止等待重新开始 |
| Machine changeover | 机器彻底更改（设置） |
| Conveying panel | 传送基板 |
| Awaiting panel | 等待基板 |
| Populating | 正在转移 |
| Awaiting next machine | 等待下台机器（设置） |
| Parts out warning | 掉零件警告 |
| Statistical warning | 统计警告 |
| Emergency stop | 紧急情况停止（警告） |
| No parts | 没有零件（警告） |
| Vision error | 查看错误（警告） |
| Non-production processing | 没有生产工序（警告） |
| Standard function | 标准功能 |
| Cam speed setting | 照相速度设置 |
| Vacuum backup function | 真空备份功能 |
| Make the required settings | 做出必要的设置 |
| Compulsory nozzle check（enable、disable） | 强制吸嘴检测（使能够、不能） |

Check all device（enable、disable） 检测全部设备（使能够、不能）
PCB loading time-out monitoring 装上基板超时监控
Loading time-out limit 装上基板超时界限
PCB unloading time-out monitoring 卸下基板超时监控
Unloading time-out limit 卸下基板超时界限
PCB flow direction（left to right） 基板流动方向（从左到右）
PCB request signal from next machine（accept、Ignore） 基板从下台机器中要求感应信号（接受、忽视）
Run in-conveyor after panel arrival（enable、disable） 基板到达后在传送轨道上运行（使能够、不能）
Panel unloading timer（enable、disable） 卸载基板定时器（使能够、不能）
Next machine loading check（enable、disable） 下台机器装载检测（使能够、不能）
Rejected nozzle check 被拒绝的吸嘴检测
Condition of nozzle check skip 吸嘴检测跳过情况
Automatic operation display 自动操作显示
Select up to two items for display 选择两项供显示
Sequence process status display 顺序过程状态显示
Cam speed display 照相速度显示
Part height detection sensor （used、not used） 部品高度探测感应器（使用、不使用）
Vision system 视觉系统、观看（内容）系统
Image buffer 影像处理
Acquire image 获取影像
Skip mark processing process test 跳过 Mark 点过程检测
Screen process test （影像）屏幕过程检测
Part image process test 部品影像过程检测
Image acquisition 影像获取
Set parts camera（camera、wide camera） 设定部品照相（定位点照相、宽视野照相）
Set pick up position（stage1:slot1） 设定吸取零件情况（供料平台 1，第 1 站）
Select parts camera 选择部品/零件照相
Holder（holder A） 部品固定架（固定架 A）、零件支架（支架 A）
Light（backlight） 亮度（背光）
Parts height 部品高度

| | |
|---|---|
| Scan speed | 扫描速度 |
| Image info | 影像信息、影像资料 |
| Re-inspect | 重新检测 |
| Trace settings | 搜寻（部品坐标影像）的设定 |
| Coarse Pos | （部品）表面不光滑状态 |
| Caliper | 用卡钳测量、测径器 |
| Fiducial mark inspection | 基准 mark 点检测 |
| Board mark inspection | 基板标记点检测 |
| Select panel（panel 1） | 选择基板（基板 1） |
| Sequence number（number 1） | 顺序号（号码 1） |
| Mark data（shape、color、scan area） | Mark 点数据（形状、颜色、扫描区域） |
| Mark reading position | Mark 点的读取情况 |
| Vision system results | （基板的 Mark 点）视觉系统结果 |
| Specify holder | 指定（部品）供料架、指定（部品）固定料架 |
| Program backup | 程序备份 |
| Restore program | 恢复程序 |
| Delete program | 删除程序 |
| System backup | 系统备份 |
| Restore system | 恢复系统 |
| Dummy | 复制件 |
| Insert a floppy disk | 插入一个软盘 |
| Select the program to be restored | 选择程序被恢复 |
| Select the items for adjustment | 选择项目供调整 |
| Select the program to be backed up | 选择程序被备份 |
| Select the program to be deleted | 选择程序被删除 |
| Select the data for backup | 选择数据供备份 |
| Configuration data | （机器）配置数据 |
| Calibration data | 刻度数据 |
| Loader cylinder select | 进板气缸选择、进板定位梢选择 |
| I/O check | 输入/输出（信号）检测 |
| Input / output signals | 输入/输出信号 |
| Select a signal for monitoring | 选择一个信号供监控 |
| Trace data output | 扫描数据输出 |

5. 富士贴片机 CP7 的对话窗口

1）All skip marks have been read , specify the boards to be skipped.
全部 mark 点已经被读取，指定基板定点位置被跳过。

2）Select the error handling mode and the recovery settings.
选择错误操作处理模式然后恢复设置。

3）Select a field to manually skip or un-skip a nozzle for production.
选择一个区域手动跳过吸嘴或不跳过吸嘴供生产。

4）Press to display actuator position and step action related commands.
按下进板标志，显示传动位置和单步动作相关的命令。

5）To clamp the panel on the main conveyor, push the “start” button.
在贴装区主传送轨道上夹住基板，按“开始”按钮。

6）To unload all panels from the machine, push the “start” button.
从机器上卸下所有的基板，按“开始”按钮。

7）To lower the main conveyor，push the “start” button
降低贴装区主传送轨道，按“开始”按钮。

8）To raise the main conveyor , push the start button
升起贴装区主传送轨道，按“开始”按钮。

9）To load a new panel, push the “start” button
进入一块新的基板，按“开始”按钮。

10）To advance the in carrier, push the start button
提前进入贴装区运载器，按“开始”按钮。

11）To move the main conveyor the loading position, push the “start” button.
移动贴装区主传送轨道进入装板位置，按“开始”按钮。

12）To move the main conveyor the unloading position, push the“ start” button .
移动贴装区主传送轨道进入卸板位置，按“开始”按钮。

13）To unclamp the panel on the main conveyor，push the “start” button.
在贴装区主传送轨道上不夹板，按“开始”按钮。

14）Select the items and holder for inspection, only inspection of the nozzle length is available for holder.
选择项目然后检测吸嘴固定架，对于吸嘴固定架来说，只有检测吸嘴长度是可以的。

15）The nozzle check tolerance values can be changed.
吸嘴检测偏差值能够被更改。

16）Press the “stage 1 start” button to enable the “start” button for pallet change over. Conditions: ensure that the PCU is attached at stage 1 , and that the safety door are closed.

按下“供料平台 1 开始按钮”使“开始”按钮能够彻底更换基板。状况：确保 PCU 与供料平台 1 接触，然后安全门被关闭。

17）Press the “stage 2 start” button to enable the “start” button for pallet changeover. Condition: ensure that the PCU is attached at stage 2, and that the safety doors are closed.

按下“供料平台 2 开始”按钮使“开始”按钮能够彻底更换基板。状况：确保 PCU 与供料平台 2 接触，然后安全门被关闭。

18）Perform changeover in line with the displayed instructions.

实行彻底更换要与显示说明相一致。

19）Clearing device offset and auto pickup offset in calibration data.

在刻度数据中清除设备设置和自动吸附设置。

20）Select a status item and choose the corresponding color combination.

选择一项与其相配的颜色相结合。

21）Specify the panel flow direction and the use of the panel request signal.

指定基板流动方向和基板的使用需求信号。

22）Select the nozzle check to be carried out if a nozzle is skipped be means of statistical processing. The nozzle will not be skipped if passes these tests.

如果一个吸嘴在统计过程中被跳过，那么选择检测的这个吸嘴将被取出。如果这个吸嘴通过了这些测试，那么这个吸嘴将不被跳过。

23）Set the limit for the number of nozzles skipped at each holder. Set to “O” to prevent the machine from stopping due to skipped nozzles.

在每个吸嘴固定架上设定被跳过吸嘴的有限数量。根据被跳过的吸嘴数设置到“0”防止机器停止。

24）Select the program to be backed up.

选择程序供备份。

25）Select a data item and specify the file name to be restored.

选择一个数据项目，然后指定文件名供恢复。

26）To save trace data , select a destination and press save.

存储扫描数据，选择一个目标然后按储存。

27）Select the I/O for confirmation .

选择输入/输出项目供确认。

28）Select the items for adjustment .

选择一些项目供调整。

29）Edit the various network parameters .

编辑各种网络参数。

30）Specify the date, time and time zone.

指定日期、时间和时间区域。

## 6. 富士贴片机 FCP6 - 4 - 2E

富士贴片机 FCP6－4－2E 的主界面菜单功能键：

| | |
|---|---|
| Auto | 自动生产设定 |
| Cam org pos | 摄像头归零、摄像头回归原点 |
| Mark editor | Mark 点编辑器、标记点编辑器 |
| SEO NO | 生产序号设定 |
| Mode | 生产模式 |
| Return | 返回菜单 |
| Product | 生产产品 |
| Simulate | 模拟生产 |
| Idle | 空打模式 |
| Set data | 设置数据 |
| Skip | 跳过 |
| Bright | 亮度 |
| Speed | （生产）速度、（遥感）速度 |
| Mark camera | Mark 点照相、Mark 点校正 |
| wide vision | 宽视觉照相 |
| D axis Offset | D 轴设置 |
| Mode 1 | 模式一（检查所有料站） |
| Mode 2 | 模式二（检查生产用料站） |
| Mode 3 | 模式三（自动检查有错误或特殊设定的料站） |
| Block | 连扳设定、连扳编辑数据 |
| Loader | 载入程序（换线调整及设定） |
| Unload PCB | 卸下基板 |
| Load PCB | 装上基板 |
| Load pin | 装上（基板）定位梢 |
| Lifter △ | （贴装时固定基板的定位梢）上升 |
| Lifter ▽ | （贴装时固定基板的定位梢）下降 |
| X axis | （移动）*X* 轴 |
| Y axis | （移动）*Y* 轴 |
| D axis | （移动）*D* 轴（*D* 轴控制装料架工作台） |
| D escape | *D* 轴退出 |
| Dump parts | 丢弃零件（照相识别出不良或错误零件时而丢弃到抛料盒内） |
| Table 2 | 装料架工作台 2 |
| Table 1 | 装料架工作台 1 |
| Sensor I/O | 感应器输入/输出 |
| Vision | 视觉处理 |
| Nozzle | 吸嘴 |
| Etc | 其他事项 |

| | |
|---|---|
| Memory | 存储器、内存 |
| Program | 程序设定 |
| Change program | 更换程序 |
| Qty set | 设定生产数量 |
| Qty clear | 清除生产数量 |
| Skip | 跳过（贴装位置设定） |
| Device | （料站设定的）设备 |
| Recovery | 恢复设定 |
| Pass | 通过 |
| Table mode | 工作台模式 |
| Line | 在线生产、在线状态 |
| Buffer IMG | 画像处理、影像处理 |
| Trace | 搜寻坐标 |
| Adjust | 调整设置 |
| Vision set | 视觉影像设定 |
| Nozzle center | 设置吸嘴 |
| Nozzle skip | 吸嘴跳过（不吸附零件进行贴装） |
| Set | 设定、设置 |
| Status | 目前状况 |
| Manual | 手动操作 |
| Servo | 伺服电动机 |
| MCS | （远程编辑时）电脑与贴片机连线状况 |
| Re-inspect | 重新检查（画像） |
| Temp trace | PD 图样设定 |
| EL BUF，IMG | 选择画像处理 |

# 附录4 再流焊机英汉对照

1. 通用中英文对照表

| | |
|---|---|
| Fundamentals of Solders and Soldering | 焊料及焊接基础知识 |
| Soldering Theory | 焊接理论 |
| Microstructure and Soldering | 显微结构及焊接 |
| Effect of Elemental Constituents on Wetting | 焊料成分对润湿的影响 |
| Effect of Impurities on Soldering | 杂质对焊接的影响 |
| Solder Paste Technology | 焊膏工艺 |
| Solder Powder | 锡粉 |
| Solder Paste Rheology | 锡膏流变学 |
| Solder Paste Composition & Manufacturing | 锡膏成分和制造 |
| SMT Problems Occurred Prior to Reflow | 回流前 SMT 问题 |
| Flux Separation | 助焊剂分离 |
| Paste Hardening | 焊膏硬化 |
| Poor Stencil Life | 网板寿命问题 |
| Poor Print Thickness | 印刷厚度不理想 |
| Poor Paste Release From Squeegee | 锡膏脱离刮刀问题 |
| Smear | 印锡模糊 |
| Insufficiency | 印锡不足 |
| Needle Clogging | 针孔堵塞 |
| Slump | 塌落 |
| Low Tack | 低粘性 |
| Short Tack Time | 粘性时间短 |
| SMT Problems Occurred During Reflow | 回流过程中的 SMT 问题 |
| Cold Joints | 冷焊 |
| Nonwetting | 不润湿 |

| | |
|---|---|
| Dewetting | 反润湿 |
| Leaching | 浸析 |
| Intermetallics | 金属互化物 |
| Tombstoning | 立碑 |
| Skewing | 歪斜 |
| Wicking | 焊料上吸 |
| Bridging | 桥连 |
| Voiding | 空洞 |
| Opening | 开路 |
| Solder Balling | 锡球 |
| Solder Beading | 锡珠 |
| Spattering | 飞溅 |
| SMT Problems Occurred at Post Reflow Stage | 回流后问题 |
| White Residue | 白色残留物 |
| Charred Residue | 炭化残留物 |
| Poor Probing Contact | 探针测接问题 |
| Surface Insulation Resistance or Electrochemical Migration Failure | 表面绝缘阻抗或电化迁移缺陷 |
| Delamination/Voiding/Non-curing Of Conformal Coating/Encapsulants | 分层/空洞/敷形涂覆或包封的固化问题 |
| Challenges at BGA and CSP Assembly and Rework Stage | BGA、CSP 组装和翻修的挑战 |
| Starved Solder Joint | 少锡焊点 |
| Poor Self-Alignment | 自对位问题 |
| Poor Wetting | 润湿不良 |
| Voiding | 空洞 |
| Bridging | 桥连 |
| Uneven Joint Height | 焊点高度不均 |
| Open | 开路 |
| Popcorn and Delamination | 爆米花和分层 |
| Solder Webbing | 锡网 |
| Solder Balling | 锡球 |
| Problems Occurred at Flip Chip Reflow Attachment | 倒装芯片回流期间发生的问题 |
| Misalignment | 位置不准 |
| Poor Wetting | 润湿不良 |
| Solder Voiding | 空洞 |

| | |
|---|---|
| Underfill Voiding | 底部填充空洞 |
| Bridging | 桥连 |
| Open | 开路 |
| Underfill Crack | 底部填充裂缝 |
| Delamination | 分层 |
| Filler Segregation | 填充分离 |
| Insufficient Underfilling | 底部填充不充分 |
| Optimizing Reflow Profile via Defect Mechanisms Analysis | 回流曲线优化与缺陷机理分析 |
| Flux Reaction | 助焊剂反应 |
| Peak Temperature | 峰值温度 |
| Cooling Stage | 冷却阶段 |
| Heating Stage | 加热阶段 |
| Timing Considerations | 时间研究 |
| Optimization of Profile | 曲线优化 |
| Comparison with Conventional Profiles | 与传统曲线的比较 |
| Linear Ramp Up Profile | 斜坡式曲线 |

2. 工艺不良现象中英文对照表

| | |
|---|---|
| MISSING PARTS | 缺件 |
| WRONG PARTS | 错件 |
| EXCESSIVE PARTS | 多件 |
| SHORT | 短路 |
| OPEN | 断路 |
| WIRE SHORT | 线短 |
| WIRE LONG | 线长 |
| WIRE POOR DRESS | 拐线 |
| COLD SOLDER | 冷焊 |
| EXCESS SOLDER | 包焊或多锡 |
| MISSING SOLDER | 空焊 |
| SOLDER ICICLE | 锡尖 |
| SOLDER SPLASH | 锡渣 |
| SOLDER CRACK | 锡裂 |
| PIN HOLE | 锡洞 |
| SOLDER BALL | 锡球 |
| SOLDER BRIDGE | 锡桥 |
| SCREW LOOSE | 滑牙 |

| | |
|---|---|
| RUST or OXIDIZED | 氧化 |
| FOREIGN MATERIAL | 异物 |
| EXCESSIVE GLUE | 溢胶 |
| SOLDER BRIDGE | 锡短路 |
| SOLDER INSUFFICIENT | 锡不足或少锡 |
| WRONG POLARITY | 极性反 |
| PIN UNSEATED | 脚未入 |
| PIN UNVISIBLE | 脚未出 |
| PIN NO CUT | 脚未剪 |
| PIN NOT BENT | 脚未弯 |
| MISSING STAMP | 缺盖章 |
| MISSING LABEL | 缺标签 |
| MISSING S/N | 缺序号 |
| WRONG S/N | 序号错 |
| WRONG LABEL | 标签错 |
| WRONG MARK | 标示错 |
| PIN SHORT | 脚太短 |
| J1 DIRTY | J1 不洁 |
| SOLDER SCOOPED | 锡凹陷 |
| W/L OF WIRE | 线序错 |
| NO TEST | 未测试 |
| VR DEFORMED | VR 变形 |
| PCB PEELING | PCB 翘皮 |
| PCB TWIST | PCB 弯曲 |
| GLUE ON PARTS | 零件沾胶 |
| PARTS PIN LONG | 零件脚长 |
| PARTS LIFT | 浮件 |
| PARTS TILT | 零件歪斜 |
| PARTS TOUCH | 零件相触 |
| PARTS DEFORMED | 零件变形 |
| PARTS DAMAGED | 零件损坏 |
| PIN DIRTY | 零件脚脏 |
| PARTS EXCESS | 零件多装 |
| SOLDER ON PARTS | 零件沾锡 |
| PARTS SHIFT | 零件偏移 |
| WRONG STAMPS | 印章错误 |
| DIMENSION WRONG | 尺寸错误 |

| | |
|---|---|
| DIODE NG | 二极管坏 |
| TRANSISTOR NG | 晶体管坏 |
| X’TL NG | 振荡器坏 |
| TUBES WRONG | 管装错误 |
| IMPEDANCE WRONG | 阻值错误 |
| REV WRONG | 版本错误 |
| TEST FAILURE | 电测不良 |
| NON REV LABEL | 版本未标 |
| PACKING DAMAGED | 包装损坏 |
| STAMPS DEFECTIVE | 印章模糊 |
| LABEL TILT | 标签歪斜 |
| CARTON DAMAGED | 外箱损坏 |
| POOR GLUE | 点胶不良 |
| SOCKET RUST | IC 座氧化 |
| MISSING UL LABEL | 缺 UL 标签 |
| WIRE FAILURE | 线材不良 |
| PIN DAMAGED | 零件脚损坏 |
| SOLDER ON GOLDEN FINGERS | 金手指沾锡 |
| RACKING DOC WRONG | 包装文件错 |
| PACKING Q’TY WRONG | 包装数量错 |
| PARTS UNSEATED | 零件未定位 |
| GLUE ON GOLDEN FINGERS | 金手指沾胶 |
| WASHER UNSEATED | 垫片安装不良 |
| WIRE UNSEATED | 线材安装不良 |

# 参 考 文 献

东莞市神州视觉有限公司. 2012. 全自动光学检测设备 ALD515 操作手册.

东莞市华技达自动化设备有限公司. 2014. 全自动印刷机 ETS-S450 操作手册.

深圳市依创思科技有限公司. 2014. 回流焊机 ETS-0802-LF 操作手册.

FUJIFILM. 2013. 富士贴片机 FUJI CP7、富士贴片机 CP7、富士贴片机 FCP6-4-2E 操作手册.

YAMAHA. 2013. Yamaha 100x、Yamaha 100xg、Yamaha 100 II 系列贴片机操作手册.